国家自然科学基金项目(51504140、51574153、51504250、51874296、51974169)资助
山东省重点研发计划项目(2018GSF120012)资助
中国博士后科学基金面上项目(2018M642632)资助
煤矿安全高效开采省部共建教育部重点实验室开放基金项目(JYBSYS2015103)资助

煤与瓦斯压出发展演化过程及机理研究

刘　杰　王恩元　撒占友　李　楠　著

中国矿业大学出版社
·徐州·

内容提要

本书以揭示煤与瓦斯压出现象发生过程及条件为出发点，深入研究了煤岩动力现象显现特征，探讨了煤岩动力现象显现特征的原因，揭示了煤岩动力现象发生过程能量演化规律；得到了煤与瓦斯压出过程中应力、瓦斯压力的演化过程及煤体破坏特征，分析了应力、瓦斯压力、煤体力学性质和顶底板条件对煤与瓦斯压出发生的影响；模拟得到了煤与瓦斯压出的危险性与煤层埋深、顶底板条件、煤层参数和初始瓦斯压力之间的关系；基于线弹性断裂力学推导得出了考虑游离瓦斯和吸附瓦斯的煤体强度准则，研究揭示了煤体层裂板结构形成过程以及外界扰动对煤体稳定性的影响，计算得到了含瓦斯煤体层裂板结构失稳破裂的临界载荷；研究得到了煤与瓦斯压出过程中的煤体发生逐层破坏的演化过程和失稳机理。

本书可供煤岩动力灾害、隧道工程、岩土工程等领域的科技工作者、研究生、本科生及矿山安全和矿压监测技术人员参考使用。

图书在版编目(CIP)数据

煤与瓦斯压出发展演化过程及机理研究/刘杰等著
.—徐州：中国矿业大学出版社，2020.1
ISBN 978-7-5646-3359-2

Ⅰ. ①煤… Ⅱ. ①刘… Ⅲ. ①煤突出—屈曲—研究②瓦斯突出—屈曲—研究 Ⅳ. ①TD713

中国版本图书馆 CIP 数据核字(2019)第 285459 号

书　　名　煤与瓦斯压出发展演化过程及机理研究
著　　者　刘　杰　王恩元　撒占友　李　楠
责任编辑　黄本斌
出版发行　中国矿业大学出版社有限责任公司
（江苏省徐州市解放南路　邮编 221008）
营销热线　(0516)83884103　83885105
出版服务　(0516)83995789　83884920
网　　址　http://www.cumtp.com　**E-mail**：cumtpvip@cumtp.com
印　　刷　虎彩印艺股份有限公司
开　　本　787 mm×1092 mm　1/16　**印张** 9.25　**字数** 186 千字
版次印次　2020 年 1 月第 1 版　2020 年 1 月第 1 次印刷
定　　价　35.00 元

前　言

随着煤矿开采深度的增加，地应力和瓦斯压力越来越大，地应力、瓦斯压力和煤体耦合作用越来越复杂，煤岩动力灾害的发生越来越频繁，造成的危害越来越严重，以往较少出现的煤与瓦斯压出动力灾害日趋增多，而鲜有针对煤与瓦斯压出发生及演化机理的研究。煤与瓦斯压出在浅部回采时较少发生，被看作一种"弱煤与瓦斯突出"。然而，煤与瓦斯压出的特点与煤与瓦斯突出有较大不同：① 构造煤对煤与瓦斯突出的发动及发展规模影响显著，同时煤体在瓦斯压力的作用下被抛出较远的距离并粉化；而煤与瓦斯压出时，构造煤对其影响并不显著，煤体没有明显的抛运过程，完整性较好。② 煤与瓦斯突出多发生在掘进期间，尤其是石门揭煤时；而煤与瓦斯压出以发生在采煤工作面回采时居多。③ 相比煤与瓦斯突出，煤与瓦斯压出发生的速度较缓慢，造成的动力效应较小。以上特点说明煤与瓦斯压出和煤与瓦斯突出的发生存在差异，需要对煤与瓦斯压出机理深入研究。

在国家自然科学基金项目（51504140、51574153、51504250、51874296、51974169）、山东省重点研发计划项目（2018GSF120012）、中国博士后科学基金面上项目（2018M642632）、煤矿安全高效开采省部共建教育部重点实验室开放基金项目（JYBSYS2015103）等资助下，作者经过多年的研究，在煤与瓦斯突出、冲击地压和煤与瓦斯压出等煤岩动力灾害发生机理及防治方面取得了一些创新性成果。本书对煤与瓦斯压出过程及其现场防治的主要技术措施进行了详尽的论述，希望能对从事此方面及相关领域研究的科技工作者有所启示。

本书采用实验室试验、理论分析和现场应用相结合的研究方法，研究了煤岩动力现象的显现特征及发生条件，并探讨了煤岩动力现象显现特征的原因；分析了煤与瓦斯压出过程中应力和瓦斯压力的变化规律及不同初始条件对煤与瓦斯压出发生的影响规律。研究了工作面回采过程中地应力、瓦斯压力和煤体塑性变形区的变化规律，分析了埋藏深度、顶底板条件、煤层参数和初始瓦斯压力对压出危险性的影响。研究了含瓦斯煤体层裂板结构的形成过程，建立了煤与瓦斯压出的破坏演化模型，得到了煤与瓦斯压出发生的临界条件。分析了现场煤与瓦斯压出灾害的关键因素，对工作面危险性进行划分，并提出了防治措施。

全书共分为8章。第1章介绍了煤岩动力灾害研究现状，煤与瓦斯突出相似模拟试验研究综述，提出了本书的研究内容及研究方法。第2章介绍了煤岩动力现象模拟试验系统，根据研究目的合理布置了瓦斯压力、应力等传感器的位置，并进行了煤与瓦斯动力现象试验。第 3 章研究了不同煤岩动力现象的显现特征及发生条件，并探讨了煤岩动力现象显现特征的原因。第 4 章研究了不同条件下煤与瓦斯压出过程中瓦斯压力、应力的发展演化规律，分析了煤体破坏形式与瓦斯压力、应力之间的关系，揭示了外界条件对煤与瓦斯压出发生的影响。第5章研究了工作面回采过程中应力、瓦斯压力和煤体塑性变形区的变化规律，分析了埋藏深度、顶底板条件、煤层参数和初始瓦斯压力对煤与瓦斯压出发生危险性的影响。第 6 章基于线弹性断裂力学推导得出了考虑游离瓦斯和吸附瓦斯的煤体强度准则，研究了煤体层裂板结构形成过程以及不同外界扰动形式对煤体稳定性的影响，计算得到了含瓦斯煤体层裂板结构失稳破裂的临界载荷，分析了煤体破裂失稳形式；研究得到了压出发展过程中煤体发生逐层破坏的形式及应力、瓦斯压力变化规律，分析了煤体孔洞形成原因，揭示了压出过程中煤体逐层破坏失稳机理。第 7 章通过在平煤股份有限公司二矿现场试验，研究分析了煤与瓦斯压出灾害发生的关键因素，在此基础上对工作面危险区域进行了划分，制定了分区域有针对性的动力灾害防治措施，保证了工作面的安全生产。第 8 章是对全书的总结及展望。

作者衷心感谢中国矿业大学刘贞堂教授、李忠辉教授、刘晓斐副教授、沈荣喜副教授、赵恩来老师及北京科技大学宋大钊副教授等长期以来给予的帮助和指导。感谢陕西煤业化工集团徐文全高级工程师、安徽理工大学马衍坤副教授、华北科技学院陈鹏副教授、河海大学胡少斌副教授、中国矿业大学欧建春博士、吉林建筑大学金佩剑博士、中国科学院岩土力学研究所魏明尧博士、中国科学院力学研究所刘大庆博士等给予的大力支持和帮助。感谢钮月博士、孔彪博士、娄全博士、李保林博士、邱黎明博士、王嗣衡硕士、邓小谦硕士、房保飞硕士、杨胜利硕士等在部分研究工作中给予的帮助。感谢平煤股份有限公司二矿秦海清矿长、杨校培总工程师、张建华副总工程师、徐晓东科长、冯英豪科员、朱辉科员等在现场试验中给予的帮助和协作。感谢青岛理工大学岳丽宏教授、张永亮教授、王春源老师等对作者的大力支持。感谢张冉硕士在本书校稿期间所付出的劳动。在本书撰写过程中，参阅了大量的国内外有关煤与瓦斯动力灾害发生及防治方面的专业文献，谨向文献的作者表示感谢。

虽然本书在煤与瓦斯压出发生机理及防治方面取得了一些成果，但很多内容还有待于今后进一步的深入研究和完善。由于作者水平所限，书中疏漏之处在所难免，敬请读者不吝指正。

作　者

2018 年 12 月

目　录

1 绪　论

1.1 研究目的及意义

煤炭是我国最为丰富的能源资源，已经探明的资源量占世界总量的11.1%。我国目前仍是当今世界上最大的煤炭生产国和消费国，煤炭在我国一次能源的消费结构中占60%左右，在经济社会发展中具有极为重要的地位[1]。据国家能源局发布相关数据，2018年全国原煤产量36.8亿吨，同比增长4.5%[2]。根据中国工程院《中国能源中长期(2030、2050)发展战略研究：节能·煤炭卷》预测，2020～2030年，我国煤炭产量将保持在34亿～38亿吨[3]。煤炭在相当长的一段时期内仍将是我国居支配地位的主要能源。

我国煤炭生产95%以上是井工作业，加之煤矿地质赋存条件复杂、技术管理水平较低以及人员素质参差不齐，导致我国煤矿事故多发、人员伤亡严重[4]。表1-1为2004～2017年我国原煤产量与百万吨死亡率统计情况。从中可以看出，虽然全国煤矿死亡人数和百万吨死亡率呈逐年下降趋势，但死亡人数依然偏大。

表1-1　2004～2017年全国原煤产量与百万吨死亡率

年份	煤炭产量/亿吨	死亡人数/人	百万吨死亡率
2004	19.38	6 009	3.101
2005	21.12	5 938	2.812
2006	23.25	4 746	2.041
2007	25.23	3 786	1.501
2008	27.16	3 210	1.182
2009	30.50	2 721	0.892
2010	32.4	2 428	0.749
2011	35.2	1 973	0.561
2012	36.5	1 366	0.374
2013	39.7	1 049	0.264

表 1-1(续)

年份	煤炭产量/亿吨	死亡人数/人	百万吨死亡率
2014	38.7	931	0.257
2015	37.5	588	0.157
2016	34.1	531	0.156
2017	35.2	375	0.106

随着能源需求量的增加和开采强度的不断加大，我国煤炭开采的深度以每年10～20 m的速度递增，国内矿山相继进入深部开采，部分矿山采深已达800～1 000 m，甚至更深。工作面浅部回采时，地应力较小，对煤岩动力灾害的影响有限，然而随着开采深度的增加，深部岩体力学行为出现了一系列新现象，最突出的是高应力和高瓦斯复杂环境[5-6]。在这种深部环境下，煤矿工程中与应力和开采扰动密切相关的煤与瓦斯突出和冲击地压等煤岩瓦斯动力灾害也日趋增多，并表现出新的更为复杂的灾害特征。

煤炭开采进入深部时，煤岩体所承受的围压显著升高。在高围压的作用下，岩石和煤体表现出延性变形特征，与浅部开采时煤岩体所表现的性质有较大不同。煤矿开采深度不断增加，地应力和瓦斯压力及瓦斯含量不断升高，应力、瓦斯和煤体耦合规律也更加复杂，导致动力灾害的危险性和不可预知性显著升高。我国近几年发生的多次动力灾害表现出不同于以往浅部开采时动力灾害的特征，例如平顶山矿区、焦作矿区、阜新矿区等发生的动力灾害，具体表现如下：

(1) 煤体被压出之后涌出大量的瓦斯，但是涌出的总瓦斯量较典型的煤与瓦斯突出小，事故发生后巷道内瓦斯浓度较低。例如，平煤股份有限公司二矿煤体被压出之后吨煤瓦斯涌出量在60 m^3、回风巷道内瓦斯浓度为1%左右，均小于典型的煤与瓦斯突出的瓦斯涌出量和瓦斯浓度。

(2) 发生事故的工作面地应力较大。回采过程中，巷道变形特别是底鼓、顶板下沉现象非常明显，煤炮频繁，应力释放或矿压显现较强烈。

(3) 煤的普氏系数较高，并且在高应力的作用下，煤体表现出明显的软化特性。例如，淮南丁集煤矿工作面煤的普氏系数介于0.33～0.79[7]，却为较典型的软分层煤体。

(4) 煤体被压出后，煤壁上孔洞不明显或口大腔小，与典型的口小腔大的煤与瓦斯突出不同，也不同于典型的冲击地压事故呈现的顶底板大幅接近、煤体崩塌、长距离巷道断面大幅缩小的特征；压出的煤不存在明显的分选性，煤的堆积角约等于煤的自然安息角。

以上煤矿生产事故中呈现出的特征表明，深部开采地应力对于动力灾害的影响较以往浅部开采时加强，并且应力、瓦斯、煤体三者之间的耦合作用更加复杂,煤与瓦斯压出事故越来越多。因此探讨深部开采情况下应力、瓦斯和煤体三者的耦合作用对煤与瓦斯压出动力现象的影响具有重要意义。

基于此,本书针对具备一定承载能力的较软煤层,在高应力和较高瓦斯压力耦合作用下显现的煤与瓦斯压出灾害及其演化规律展开研究:建立煤岩动力现象模拟试验系统,试验研究不同煤岩动力现象的显现特征,探讨分析煤岩动力现象显现特征不同的原因;研究煤与瓦斯压出过程中应力、瓦斯及煤体破裂的变化规律,分析初始应力、瓦斯压力、煤体强度和顶底板条件对煤体压出的影响;利用康模数尔(COMSOL)多物理场耦合模拟软件模拟研究工作面回采过程中应力、瓦斯压力和煤体塑性变形区的变化规律,分析埋藏深度、顶底板条件、煤层参数和初始瓦斯压力对压出发生危险性的影响;建立煤与瓦斯压出层次破坏演化模型,确定煤体破裂失稳破坏的临界条件,分析压出过程中应力、瓦斯压力和煤体破裂演化规律;研究分析煤与瓦斯压出灾害发生的关键因素,在此基础上对工作面危险区域进行划分,制定分区域有针对性的动力灾害防治措施。通过以上研究,期望能够初步认识煤与瓦斯压出动力现象的发生机理,并为现场防治措施的制定提供指导。

1.2 煤岩动力灾害研究现状

1.2.1 煤与瓦斯突出研究现状

煤与瓦斯突出是一种非常复杂的动力现象,影响因素众多,发生原因复杂。人们经过多年对煤与瓦斯突出的研究,在煤与瓦斯突出的认识方面取得了许多有益的成果,下面从煤与瓦斯突出机理及演化过程两方面进行阐述。

1.2.1.1 煤与瓦斯突出机理研究

国内外对突出机理的认识可以归结为以下 4 个方面[8]:瓦斯主导作用假说、地应力主导作用假说、化学本质作用假说以及综合作用假说,其中综合作用假说逐渐得到了大多数学者的认可。

(1) 瓦斯主导作用假说

这类假说认为,煤体内的瓦斯压力是煤与瓦斯突出发生时的主要推动力,其代表有“瓦斯包”说、“粉煤带”说、煤孔隙结构不均匀说、瓦斯膨胀说、卸压瓦斯说、火山瓦斯说、瓦斯解吸说、裂缝堵塞说等。例如:苏联的沙留金和英国的威廉姆提出“瓦斯包”说,认为当工作面接近这种“瓦斯包”时,煤壁会发生破坏并抛出煤炭;苏联的贝可夫等人提出“粉煤带”说,认为采掘活动接近粉煤带时,在不大的瓦斯压力下煤体和瓦斯一起被喷出;苏联的克里切夫斯基提出煤孔隙结构不均匀说,认为采掘过程接近煤层透气性剧烈变化区域时,瓦斯潜能会将煤岩一起抛出;苏联的尼可林等人提出瓦斯膨胀说,认为煤层中存在瓦斯含量增高带,当采掘活动揭露上述区域时，瓦斯膨胀发生动力灾害[9]。

（2）地应力主导作用假说

这类假说认为，煤体发生突出是高应力环境作用的结果，其代表有岩石变形潜能说、应力集中说、剪切应力说、塑性变形说、振动波动说、冲击式移近说、拉应力波说、应力叠加说、爆破突出说、顶板位移不均匀说等。例如，苏联的别洛夫认为在工作面前方的支承压力带，由于厚弹性顶板的悬顶和突然沉降引起附加应力，煤体在这种集中应力作用下产生移动和遭到破坏，如果再施加载荷，煤体会冲破工作面煤壁而发生突出[9]。

（3）综合作用假说

这类假说认为，煤体发生突出是在应力、瓦斯和煤体综合作用下发生的，早期主要包括振动说、分层分离说、破坏区说、动力效应说以及游离瓦斯压力说等[9]。近年来，众多学者的研究使得综合作用假说取得了较大进步。

于不凡[10-11]认为煤与瓦斯突出是从离工作面某一距离的发动中心开始的，而后向周围扩展，由发动中心周围的煤-岩石-瓦斯体系提供能量及参与活动，并且煤与瓦斯突出可以看作含瓦斯煤体受力而突然破坏的一种动力现象，增高的地应力是发生煤与瓦斯突出的第一个必要条件，突出的第二个必要条件是应力状态的突然变化；开采煤层的毗邻煤层的围岩中较高的残余地应力，决定了该处的煤层具有煤与瓦斯突出的危险。郑哲敏[12]用数量级和量纲分析方法，提出发生煤与瓦斯突出的原因是瓦斯能量大和煤层强度低，并进一步提出了工程判据。李特威尼申（J. Litwiniszyn）和佩特森（L. Paterson）[13-14]基于煤与瓦斯的耦合作用及煤层瓦斯的运移规律建立了煤与瓦斯突出模型。李中成[15]提出了突出是煤体盘形拉伸破坏的连锁反应过程，是断续的，持续几分钟、十几分钟或更长的时间，并确定了煤体破坏的初始条件。李萍丰[16]提出了突出机理的二相流体假说，二相流体所产生的膨胀能、煤体弹性能和瓦斯膨胀能之和超过煤体自身强度时发生突出。丁晓良等[17]观察了煤在瓦斯一维渗流作用下的初次破坏，破坏煤体呈球冠状，认为煤体的破坏属于拉伸破坏；随着卸载速率的提高、侧向围压的减小与型煤几何半径的增大，煤体更易于破坏。周世宁和何学秋等[18-21]提出了流变假说，认为瞬时突出和延期突出分别是由含瓦斯煤岩的动态流变破坏和蠕变破坏发动的，并对不同类型的煤样进行了蠕变试验，研究其流变特性。俞善炳等[22-24]建立了研究煤与瓦斯突出发生机理的一维流动模型，并提出了基础方程和启动判据。方健之等[25]提出了描述煤与瓦斯突出的一维模型，该模型把煤体破坏分为 2 个阶段——层裂和层裂片的粉碎，并用粉碎率来描述煤体的这种非均匀破坏。赵国景等[26]提出了煤与瓦斯突出的固-流两相介质力学理论，阐述了突出的两相介质力学问题。蒋承林和俞启香等[27-28]提出球壳失稳假说，认为突出过程的实质是地应力破坏煤体，煤体释放瓦斯，瓦斯使煤体裂隙扩张并使形成的煤壳失稳破坏；煤体的破坏以球盖状煤壳的形成、扩展及失稳为主要特点，破坏的煤体抛向巷道后，煤体内部继续破坏。梁冰等[29-33]根据煤体变形破坏与其中瓦斯渗流的相互影响和相互作用机理，提出了煤与瓦斯突出的固-流耦合失稳理论，即突出是含瓦斯煤体在采掘活动影响下，局部发生迅猛、突然破坏而造成的，是应力、瓦斯及煤质3个主要因素综合作用的结果，并且分析了时间效应对煤与瓦斯突出的影响。巴兹尔·比米什(B. Basil Beamish)等[34]研究了煤体类型与煤与瓦斯突出的关系。比斯坦(R. M. Bustin)等[35]研究了煤阶和煤体孔隙分布对瓦斯赋存解吸的影响，以及不同温度下的瓦斯解吸规律。吕绍林等[36]提出了关键层-应力墙瓦斯突出机理。张我华等[37]提出了一种分析煤/瓦斯突出过程的能量释放机理，发现瓦斯解吸所释放出的能量是引起煤/瓦斯突出的主要原因。封富[38]研究认为地质构造活动影响矿井动力现象发生，地球内部的构造应力场是矿井动力现象发生的能量基础。郭德勇等[39]提出了煤与瓦斯突出的黏滑失稳机理，设计了煤与瓦斯突出过程摩擦滑动模拟实验系统，发现在煤与瓦斯突出过程中存在黏滑失稳现象。丁继辉等[40]提出了煤体有限变形下煤与瓦斯突出的耦合失稳理论，建立了煤与瓦斯突出的固-流两相介质耦合失稳的数学模型，给出了两相介质耦合失稳问题的非线性有限元方程。崔(S. K. Choi)、沃尔德(M. B. Wold)[41]建立了地质-流体耦合模型，分析了巷道掘进过程中的煤与瓦斯突出发生和演化过程。蔡峰等[42-43]认为煤与瓦斯突出的实质是地应力破坏煤体释放瓦斯，释放出的瓦斯使煤体裂隙扩张并破坏煤壳，将原本具有一定支承作用的煤体破坏，并抛向巷道，迫使应力峰移向煤体内部继续破坏后续的煤体的一个连续发展过程。马中飞等[44]将突出煤体视为煤与瓦斯承压散体，提出并初步研究了煤与瓦斯承压散体失控突出机理。罗新荣等[45]模拟研究了巷道掘进过程应力与煤与瓦斯突出的关系。潘哲君等[46]建立了煤体吸附瓦斯膨胀模型。王继仁、陆卫东等[47-48]构建了煤表面与CH_4的吸附模型，从微观上揭示了煤与瓦斯突出过程中超量瓦斯释放的来源，提出了采掘活动导致瓦斯分子体系由基态变为激发态，使瓦斯由吸附态脱附变为游离态，从而形成大量的游离态瓦斯，在弱结构面发生煤与瓦斯突出。鲜学福等[49-50]从影响煤与瓦斯突出的地应力、瓦斯、煤岩物理力学性质和地质构造因素出发，提出把煤与瓦斯突出的过程划分为突出源的形成发展、突出的激发和发生三个阶段。陶云奇等[51-52]建立了含瓦斯煤热流-固(THM)耦合模型，通过物理实验证明了该模型能够准确描述煤与瓦斯突出过程。吴世跃等[53]以寺河矿为例研究了煤与瓦斯突出机理并选取了预测指标。黄伟等[54]研究了含瓦斯煤破裂模式以及煤与瓦斯突出机理，讨论了含瓦斯煤的破裂模型，建立了破裂后的瓦斯流动准则。李树刚等[55-57]建立了分层煤体的薄板力学模型，研究了煤与瓦斯突出的灾变机理。李晓泉等[58-59]研究了煤与瓦斯延期突出的机理，认为延期突出主要是在瓦斯膨胀能的作用下发生发展的。李铁等[60-61]研究了“三软”煤层冲击地压诱导煤与瓦斯突出力学机制，分析了巷道底板变形对煤与瓦斯突出过程的影响。宋颜金等[62]研究了一维煤与瓦斯突出条件下的煤体剥落现象及机理。金洪伟等[63]研究了煤与瓦斯突出失稳的发动机理。

特定地质、生产条件下煤与瓦斯突出的发生机理存在特殊性。林柏泉等[64]研究了煤层透气性对煤与瓦斯突出的影响。曹运兴等[65]对逆断层下部的煤与瓦斯突出进行了研究。沃尔德(M. B. Wold)等[66]研究了煤层参数空间差异性对煤与瓦斯突出的影响。李铁等[67]研究了地震诱发矿井瓦斯涌出异常现象。韩军等[68-70]从应力、煤体结构特征和瓦斯压力及含量等方面对向斜构造进行了分析，得到向斜构造同时具备的高地应力、高瓦斯压力(含量)和构造煤发育等3个因素是它发生煤与瓦斯突出的主要原因，并探讨了地应力在煤与瓦斯突出中所起的作用。穆罕默德·拉菲克·伊斯兰(Md. Rafiqul Islam)等[71]研究了应力分布和围岩变形规律对瓦斯涌出的影响规律。雷东记等[72]利用板块构造理论和区域构造演化规律，研究了河南西部煤矿“三软”煤层煤与瓦斯突出机理，得到了煤与瓦斯突出的条带分布特征。拉斐尔·罗德里格斯(Rafael Rodríguez)等[73]分析了巷道掘进穿过石炭系过程中瓦斯涌出规律。冯增朝等[74]研究了水力割缝过程中煤与瓦斯突出机理。蒋静宇等[75]研究了火成岩入侵对煤与瓦斯突出的影响。聂百胜等[76-78]研究了振动爆破过程中的煤与瓦斯突出机理。欧建春等[79]研究了钻孔施工过程中诱发煤与瓦斯突出的机理，提出了煤与瓦斯突出的时空耦合跃迁失稳机理，认为煤与瓦斯突出是一个不断积蓄和释放能量的过程。高建良等[80]研究了打钻过程中瓦斯含量对瓦斯涌出量的影响规律。陈尚斌等[81]以山东七五煤矿为例，分析了岩浆入侵对煤与瓦斯突出的影响。苗法田等[82]对不同流动状态下冲击波的形成机理进行了分析。

1.2.1.2 煤与瓦斯突出演化过程研究

在研究煤与瓦斯突出机理的过程中，许多学者认识到分析煤与瓦斯突出发展演化过程中应力、瓦斯、能量、温度等参数的变化及影响对于揭示煤与瓦斯突出机理具有很大帮助。赵阳升[83]应用数值模拟研究了瓦斯压力在突出中的作用，提出了突出的数学模型。蒋承林等[84-88]分析了煤与瓦斯突出阵面的推进过程、力学条件以及能量耗散规律。程五一[89]研究了煤层瓦斯渗流过程中的热效应。李火银[90]分析了平顶山矿区煤层剪切结构对煤与瓦斯突出的影响。刘明举等[91-93]对煤与瓦斯突出热动力过程进行了研究，发现煤与瓦斯突出不是大多数学者认为的绝热过程，而是一个偏向于等温过程的多变过程。景国勋等[94]分别从孕育和突出两个阶段阐述了瓦斯在煤与瓦斯突出中所起的作用。徐涛、唐春安等[95-100]应用二维真实破裂过程分析(RFPA-2D)软件模拟了煤体破裂过程流-固耦合及煤与瓦斯突出过程。张玉贵等[101-102]在宏观、显微和分子级三个水平上研究了构造煤结构演化规律，探讨了构造煤的成因机制及对煤与瓦斯突出的控制作用。潘一山等[103-104]研究了煤与瓦斯突出射流过程及固-流耦合作用下解吸渗流效果。胡千庭等[105-107]对煤与瓦斯突出过程的力学作用机理进行了深入研究，划分了突出的准备、发动、发展和终止过程。王振[108]从能量角度研究了冲击地压、煤与瓦斯突出和压出等灾害的转化条件。朱万成等[109-111]建立了变温条件下煤与瓦斯相互作用模型。薛生等[112]应用数值模拟软件建立耦合模型研究了煤与瓦斯突出的诱发机理。亚采克·索布奇克(Jacek Sobczyk)[113]研究了瓦斯吸附过程引起气体应力的变化对煤与瓦斯突出的影响。王家臣等[114]研究了瓦斯对突出煤的力学特性影响。王刚等[115]分析了瓦斯含量在突出过程中的作用。杨威等[116-118]研究了应力随回采过程的变化规律以及对煤与瓦斯突出危险性的影响。齐黎明等[119]分析了煤体强度对突出危险性的影响。李成武等[120]利用新表面学说和热力学定律分别计算了突出煤体的破碎功和突出瓦斯的膨胀内能，建立了煤与瓦斯突出强度能量评价模型。欧建春等[121-122]对煤与瓦斯突出的时空演化过程进行了研究。彭守建等[123]试验研究了瓦斯渗流对煤与瓦斯突出的影响机理。陆菜平等[124]研究了煤与瓦斯突出演化过程以及微震事件变化规律。潘结南等[125]研究了不同瓦斯压力和温度下煤体变形与瓦斯吸附规律。姚艳斌等[126]分析了火成岩入侵对煤体结构、孔隙裂隙系统和煤层瓦斯含量的影响。闫江伟等[127]研究了平煤十矿的煤与瓦斯突出区域性分布特征。王凯等[128]数值模拟和试验研究了煤与瓦斯突出过程中冲击波传播和瓦斯流动特征。胡莹莹等[129]模拟了揭煤时煤与瓦斯突出过程中应力状态。

随着非线性科学引入煤与瓦斯突出分析，应用非线性科学对煤与瓦斯突出演化过程进行分析是近年来一大热点。王凯等[130-131]研究了可能发生突出的含瓦斯煤岩系统的内在动力特征。肖福坤等[132]运用非线性理论的重要分支——突变学理论对煤矿煤与瓦斯突出的机理和突出条件进行了定性分析。高雷阜[133]提出了基于煤与瓦斯突出综合假说的动态反演综合假说，系统分析了煤与瓦斯突出的混沌动力系统演化规律，并在煤与瓦斯突出预测中进行了应用。赵志刚等[134-135]运用理论分析、数值模拟和现场测试等方法对煤与瓦斯突出的耦合灾变机制和非线性特征进行了研究，分析了应力波对煤体和围岩的作用以及裂纹扩展规律，并应用非线性方法进行了煤与瓦斯突出预测。潘岳等[136-137]对煤与瓦斯突出中单个煤壳解体突出的突变特征进行了分析，建立了煤壳失稳解体的突变模型。杨胜强等[138]研究了煤体的分形特性和煤与瓦斯突出之间的关系。杨小彬等[139]建立了含瓦斯煤非线性损伤模型。陈鹏等[140]研究了含瓦斯煤压出过程中表面裂纹的分形演化规律。

1.2.2 压出研究现状

压出在过往的研究中作为突出的一种显现形式进行研究，在煤矿实际的生产中也较少发生，但是近年来随着煤矿开采深度的增加和开采强度的增大，压出发生得越来越频繁，尤其是中原地区多次发生煤体压出后引起瓦斯涌出异常的现象，例如平煤十矿、平禹四矿及焦作地区等发生的动力灾害。

胡千庭、孟贤正等[7,141]针对淮南矿区深部矿井丁集煤矿煤的突然压出区域瓦斯地质特征，分析了综掘面煤的突然压出摩擦滑动失稳力学机制，并研究得出了其预测敏感指标钻屑量 S 及孔深系数S'、钻孔瓦斯涌出初速度 q 及衰减系数 C_q 的临界值，创新性地提出了采用S'预测以地应力为主导作用的低指标突出。汪长明[142]从地应力、瓦斯和煤体力学性质三方面对采煤工作面煤的突然压出机理进行了研究和探讨。通过分析采煤工作面应力、瓦斯压力分布规律，详细论述了煤体的破坏及失稳原理，并基于矿山压力和关键层理论重点分析了采煤工作面回采时煤的突然压出的原因及特点。蒋承林[86]从瓦斯压力释放的角度分析了压出孔洞的形成机理。

近年来，压出才引起人们的重视，逐渐有学者将压出作为一种现象进行研究，但是迄今为止仍然较少看到相应研究成果。

1.2.3　冲击地压研究现状

冲击地压发生机理就其主要方面来讲，就是在一定的地质因素和开采条件下，煤岩受外力引起变形，发生突然破坏的力学过程[143]。

中外学者在实验室实验和现场调查的基础上，对冲击地压机理进行了全面系统的研究，研究内容大致可以分为三类[144]：① 从煤岩体材料的物理力学性质出发，研究煤岩体冲击破坏特点以及诱使其冲击的固有的、内在的因素，并利用各种非线性理论来研究冲击过程；② 从冲击地压区域所处的地质构造以及变形局部化出发，分析地质弱面、煤岩体几何结构与煤岩冲击之间的相互关系；③ 从工程扰动以及采动的诱导作用出发，研究井下各种动力扰动对冲击地压发生的影响。

在早期研究中，各国学者从不同角度先后提出了一系列经典的冲击地压理论模型，主要有强度理论[145-146]、刚度理论[147-148]、能量理论[149]、冲击倾向性理论[150-151]、三准则理论[152-153]、失稳理论[154-155]等。

近年来，随着交叉学科的发展及数学、力学方法等在冲击地压研究中的应用，利用断裂力学、损伤力学、分形理论和突变、分叉、混沌等非线性理论方法，为冲击地压机理的研究开辟了新的路径。

韦塞拉(V. Vesela)、贝克(D. A. Beck)等[156-157]提出了能量集中存储因素和冲击敏感因素等概念。李普曼(H. Lippmann)等[158-159]提出了以结构失稳概念为出发点的煤层冲击“初等理论”，并建立了考虑煤层与顶底板间发生层间相对滑动的冲击地压模型。尹光志、鲜学福等[160]现场实测发现地应力的大小和方向对煤岩冲击失稳影响显著，分析了水平应力和垂直应力控制的空间煤(岩)体系统失稳的分叉集以及由于它们的变化而导致的煤岩状态突变过程，建立了煤岩体失稳的突变理论模型。潘一山、费鸿禄、徐曾和等[161-163]分别用突变理论解释了采场煤(岩)柱的非稳定问题，并得到了煤(岩)柱发生冲击失稳的判据。

谢和平等[164-165]在微震事件分布的基础上将分形几何学、损伤力学引入冲击地压发生机理的研究，认为冲击地压实际上等效于岩体内破裂的一个分形集聚，其能量耗散随分维数的减少而按指数规律增加，当分维数减至最小值时意味着能量耗散最剧烈从而产生冲击。李廷芥等[166]研究了岩石在单轴压缩条件下裂纹扩展的分形特征，讨论了分维值与岩石组分及应力状态间的关系，并根据这一结果分析了岩爆发生机理。

1.3 煤岩动力现象模拟试验研究现状

经过多年对煤岩动力灾害的研究，许多学者认识到在实验室模拟或一定条件下的重现动力现象对于认识灾害的发生发展过程及机理具有重要帮助。早期有学者设计研发了煤与瓦斯突出试验装置，对煤与瓦斯突出进行了试验分析，得到了煤与瓦斯突出过程中各参数的演化规律。近年来，随着科技的进步，加载试验机能够提供的载荷越来越大，有学者设计了煤岩体冲击破坏试验装置。

邓全峰等[167]用型煤模拟了石门揭煤时煤与瓦斯突出情况，试验表明突出最小瓦斯压力随煤体强度的增大而增大，瓦斯压力越大，突出强度也越大。孟祥跃等[168]进行了煤与瓦斯突出的二维模拟试验，发现煤样的破坏存在“开裂”和“突出”两类典型的破坏形式。蒋承林等[27,169]在实验室试验模拟了理想条件下石门揭煤时煤与瓦斯突出过程，并分析了突出过程中温度变化规律，验证了石门揭穿煤层的球壳失稳机理。蔡成功[170]从力学模型入手，按相似理论设计了三维煤与瓦斯突出模拟试验装置，试验模拟了不同型煤强度、三向应力、瓦斯压力条件下的煤与瓦斯突出过程，得出了突出强度同瓦斯压力、型煤强度、三向应力、瓦斯压力关系数学模型，分析认为应力和煤的力学性质是决定突出强度的主要因素。颜爱华等[171]模拟了充入 CO_2 和 N_2 条件下的煤与瓦斯突出，研究得出瓦斯压力越大，突出强度越大；当瓦斯压力相近时，吸附和解吸能力大的瓦斯突出强度大。陶云奇[51]试验分析了煤与瓦斯突出过程中煤体温度、突出强度、孔洞形态和突出煤样粉碎性以及煤粉粒级分布的变化规律。金洪伟[172]试验分析了含瓦斯煤块在突然暴露时的破坏规律，并建立了突出发展的数学模型，研究表明突出发展过程中煤的破坏主要表现为层裂形式，破坏煤体的作用力是由卸载波在煤体内的传播造成的。欧建春[121]试验模拟了煤与瓦斯突出过程，研究了煤与瓦斯突出的发生规律，揭示了突出过程的声电信号变化规律。许江等[173-179]试验模拟了不同含水率、不同突出口径、非均布载荷下煤与瓦斯突出现象。曹树刚等[180]研制了煤岩固-气耦合细观力学试验装置，模拟的煤与瓦斯突出过程更加接近矿山实际。诺伯特·斯科齐拉斯(Norbert Skoczylas)等[181-182]试验研究了煤与瓦斯突出过程。

陆菜平等[183]试验了煤样三轴围压钻孔损伤演化冲击过程，研究了发生钻孔冲击时的电磁辐射和声发射变化规律。何满潮等[184-185]试验研究了三轴条件下煤岩体冲击破坏的发生规律以及裂纹扩展过程。

煤岩动力灾害试验在一定程度上重现了现场煤岩动力灾害发生的演化过程，为深入认识煤岩动力灾害发生的临界条件及动力效应提供了帮助。

1.4 存在问题及不足

(1) 随着煤矿开采深度的增加，煤矿地质条件越来越复杂，地应力和瓦斯压力越来越大，造成了高应力和高瓦斯压力同时存在的现象，以往的研究主要针对某一种动力现象，缺少统一的针对不同煤岩动力现象显现特征的研究。

(2) 近年来，应力和瓦斯耦合作用诱发的压出动力现象越来越多，以往对于煤岩动力灾害的研究主要集中于煤与瓦斯突出和冲击地压，针对煤与瓦斯压出动力现象的发生变化规律及影响因素研究较少。

(3) 以往将煤与瓦斯压出和煤与瓦斯突出看作一种动力现象，对于现阶段出现的压出发生规律及特点不能很好地解释。煤与瓦斯压出现象的发生有自身的规律及机理，因此需要进一步研究揭示压出发生及发展的内在机理。

1.5 主要研究内容及方法

1.5.1 主要研究内容

(1) 建立煤岩动力现象模拟试验系统，试验研究不同煤岩动力现象的显现特征，探讨分析煤岩动力现象显现特征不同的原因。

(2) 试验研究煤与瓦斯压出过程中应力、瓦斯及煤体破裂的变化规律，分析初始应力、瓦斯压力、煤体强度和顶底板条件对煤体破裂压出的影响。

(3) 利用COMSOL多物理场耦合模拟软件模拟研究工作面回采过程中，应力、瓦斯压力和煤体塑性变形区的变化规律，分析埋藏深度、煤体参数和初始瓦斯压力对压出发生危险性的影响。

(4) 建立煤与瓦斯压出层次破坏演化模型，确定煤体压出破裂失稳破坏的临界条件及形式，分析压出过程中应力、瓦斯压力和煤体破裂演化规律。

(5) 研究分析煤与瓦斯压出灾害发生的关键影响因素，在此基础上对工作面危险区域进行划分，制定有针对性的分区域动力灾害防治措施。

1.5.2 研究方法及技术路线

根据本书的研究内容，决定采用的研究方法主要包括实验室试验、数值模拟、理论分析、现场应用。研究思路及技术路线如图 1-1 所示。

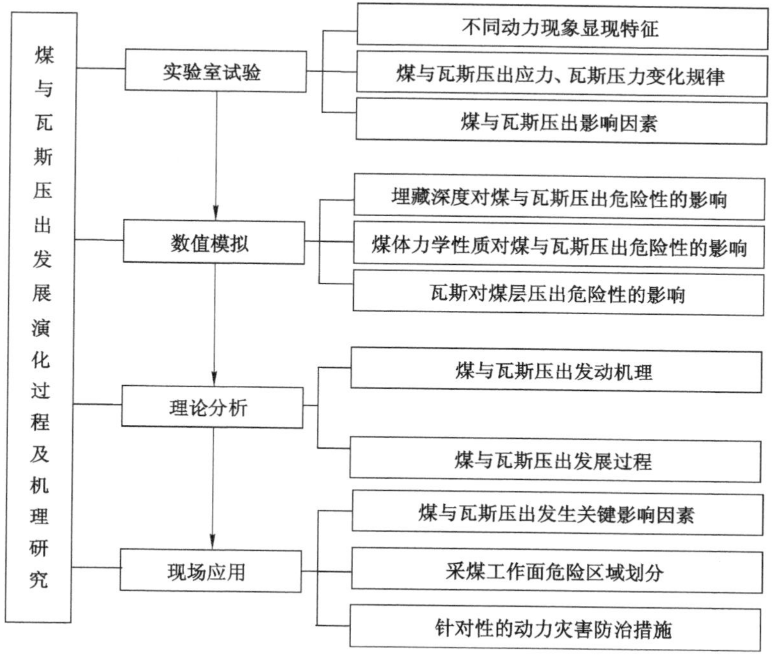

图 1-1 研究技术路线

2 煤岩动力现象模拟试验

本章在实验室条件下建立完整的煤岩动力现象模拟试验系统，模拟煤岩动力现象的发生规律，研究了多种应力、瓦斯压力和煤体性质下的动力现象特征及各参数的变化规律。

2.1 试验系统

煤岩动力现象模拟试验系统包括压出试验腔体、加载系统、充放气系统以及数据采集系统，如图 2-1 所示，实物图如图 2-2 所示。其中压出试验模具可以用来预制型煤和诱导压出发生，在其内部放置多种传感器用以监测压出过程中的瓦斯、应力等参数的变化。

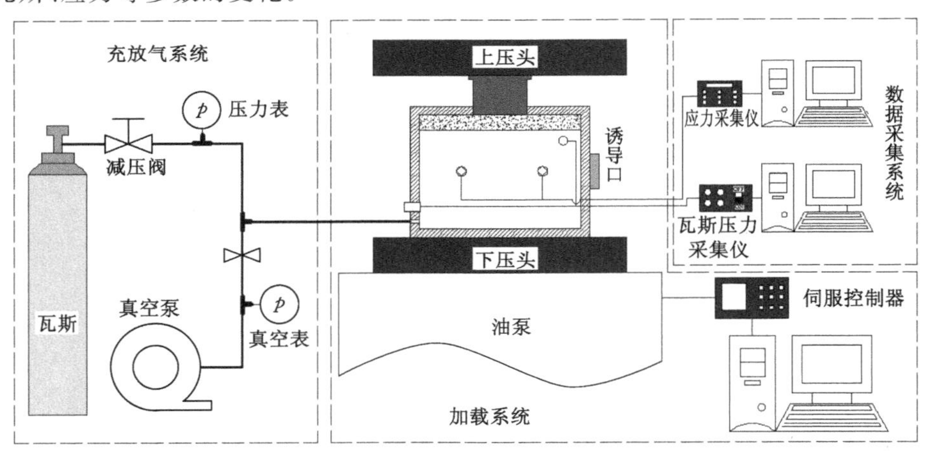

图 2-1　试验系统示意图

2.1.1 试验腔体

压出试验腔体如图 2-3(a)所示，内部腔体可放原煤以及预制 8.0 kg 的型煤。试验腔体具备诱导动力现象装置，如图 2-3(b)所示，试验时可以通过敲开销子，为内部含瓦斯煤体卸压，达到诱导压出现象发生的目的。通过上压柱传导压力机载荷，达到为煤层加压的目的，如图 2-3(c)所示。

图 2-2 试验系统实物图

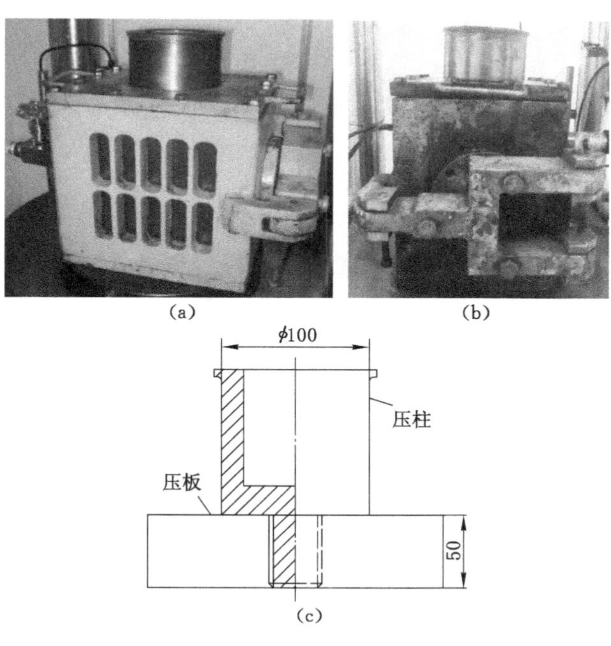

图 2-3 试验腔体

(a),(b) 外观;(c) 压柱及压板剖面

2.1.2 加载系统

加载系统采用的是新三思微机控制电液伺服压力试验机,实物如图 2-4 所示。该系统由液压油泵、DCS 控制器和 PowerTest V3.3 控制程序组成。液压油泵最大载荷可达到 3 000 kN,能够实现匀速加载,试验力示值分辨率(FS) 1/300 000,试验力示值相对误差为±1%,可以采用载荷控制和位移控制两种方

式，进行单轴、拉伸、循环加载、蠕变等试验，加载过程中可以实现位移保持和载荷保持，并且能够采集诱导压出发生后煤层内应力卸载幅度。

图 2-4　压力机实物图

2.1.3　充气系统

充气系统由高压气瓶、减压阀、多孔烧结板、连接管路、三通、真空泵组成。减压阀连接充气管路和高压气瓶，能够合理调节充气压力以达到试验要求。真空泵用来将腔体内空气抽出，保证腔体内气体的纯净度。多孔烧结板位于试验腔体充气口，能够有效隔离煤粉，防止煤粉堵塞进气口。

2.1.4　数据采集系统

数据采集系统包括瓦斯压力采集系统和应力采集系统。瓦斯压力采集系统由瓦斯压力变送器和数据采集仪组成，瓦斯压力变送器可以对液体、气体、蒸汽等介质压力进行准确测量，其量程范围可达－0.1～60 MPa，输出信号 4～20 mA 或 1～5 V DC，如图 2-5(a)所示。数据采集系统采用成都中科动态仪器有限公司开发研制的 USB8516 采集仪，配合 DasView2.0 测试分析软件，可以连续采集电压信号，从而实现试验过程中对瓦斯参数的监测，采集频率从 100 Hz 至 10 000 Hz 可选，实物如图 2-5(b)所示。在突出腔体上布置两个瓦斯压力变送器，布置位置如图 2-5(c)所示，1# 瓦斯压力变送器靠近充气口，2# 瓦斯压力变送器靠近突出口。

应力采集系统采用 MFF 系列多点薄膜压力测试系统，如图 2-6(a)所示，包括数据采集处理一体机、传感器标定台、传感器、连接线缆、1208 采集软件。数据采集处理一体机共有 8 个采集通道，可以通过调节增益达到不同的放大倍数，如图 2-6(a)所示；传感器由感应区、扁平导线和管脚构成，感应区用来受力，扁平

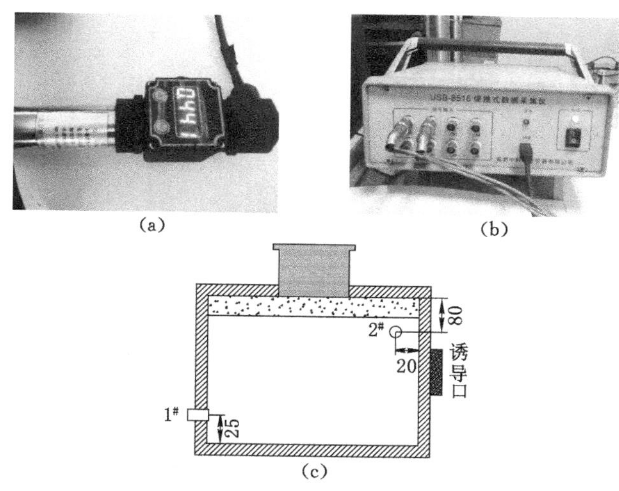

图 2-5　瓦斯压力采集系统

(a) 压力变送器；(b) 数据采集仪；(c) 试验腔体剖面

导线镀银线置于薄膜材料上，管脚用于外接导线，连接线缆用来连接传感器和数据采集处理一体机，如图 2-6(b)所示；1208 采集软件通道设置可分为单端、差分，采集方式、采样率、采样时间、通道选择、通道系数等可根据试验方案需要设定，采集数据可以存储为 CSV/TXT 格式。在试验腔体上布置两个应力传感器，布置位置如图 2-6(c)所示。

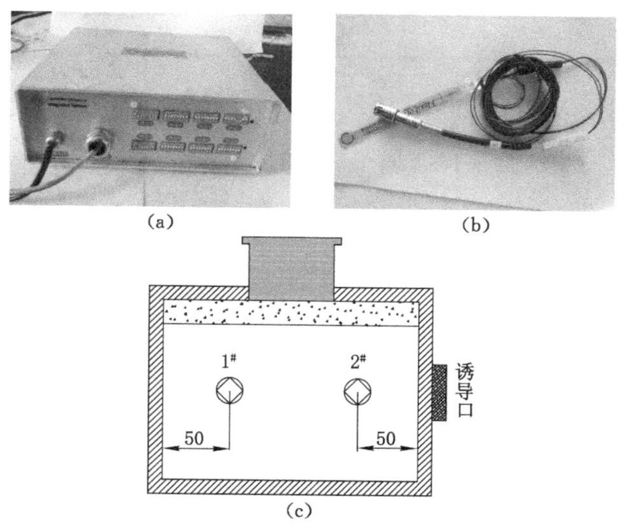

图 2-6　MFF 系列多点薄膜压力测试系统

(a) 数据处理一体机；(b) 线缆；(c) 试验腔体剖面

2.2 试验方案及结果

2.2.1 试样制备

试验中所用试样来自平煤股份有限公司二矿（简称“平煤二矿”）和京煤集团大安山煤矿。试验选用两种试样：一是用煤粉预制成型煤；二是从现场取原煤样，切割成与试验腔体同样大小的煤样。

型煤选用平煤二矿试样。采用型煤进行试验时，全煤粉成型后强度较低，而通常发生压出的煤层都具有一定的强度，能够积聚一定的弹性能，因此在煤样中添加一定的水分，以保证试样的成型强度。首先将现场所取煤样破碎，筛选出0.5 mm以下的煤样，根据试验要求配比一定比例的水分，搅拌均匀，分三次放入试验腔体进行预制，待煤样装满后，开始进行预制。为了保证预制所得煤样的力学性质存在较明显差异，本书共选择了两种煤样配比和两种成型压力，试样分别编号X1、X2、X3、X4，如表2-1所列。

表 2-1 试样制备方案及参数

编号	预制应力/MPa	含水率/%	预制时间/h	密度/(kg/m^3)	抗压强度/MPa	抗拉强度/MPa
X1	15	5	2	1 324.84	1.12	0.25
X2	30	5	2	1 375.80	1.70	0.28
X3	15	10	2	1 426.75	2.08	0.35
X4	30	10	2	1 477.71	2.43	0.36

为了考察不同的成型配比对试样力学性质的影响，按照试验条件制取了标准尺度的型煤试样，试样如图2-7所示。测试了试样的密度、单轴抗压强度、单轴抗拉强度，如表2-1所列。单轴压缩应力-应变曲线和单轴拉伸应力-应变曲线如图2-8所示，可以看出，成型压力越大，含水率越高，型煤试样的强度越大。

图 2-7 型煤标准试样

原煤试样选用两种：一种取自平煤二矿，煤质偏软（YR）；另一种取自大安山煤矿，煤质偏硬（YY）。两者的应力-应变曲线如图2-9所示。采用原煤试样时，将试样按照200 mm×150 mm×200 mm规格进行切割，切割完成后放入试验腔体内，为了接触及密封良好，在原煤与腔体壁之间添加煤粉。

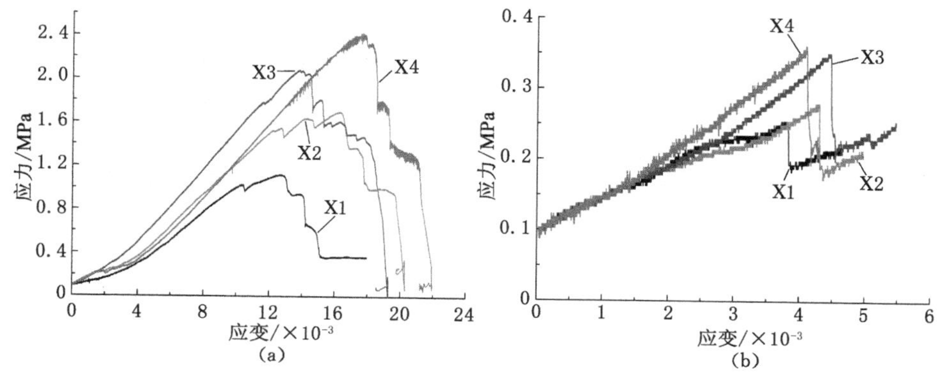

图 2-8 型煤试样力学性质测试

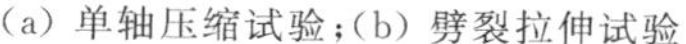
(a) 单轴压缩试验;(b) 劈裂拉伸试验

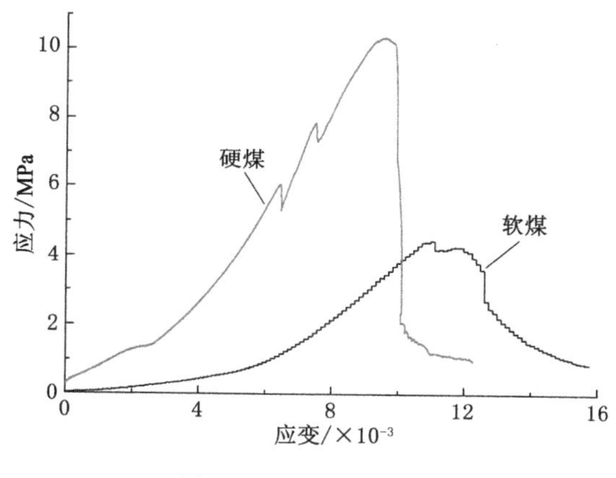

图 2-9 原煤力学性质

2.2.2 试验步骤

根据试验要求,选用型煤和原煤时的具体操作步骤如下:

2.2.2.1 型煤试样

(1) 将大块煤样破碎,筛选出粒径小于 0.5 mm 的煤粉,放置在干燥处进行晾干;

(2) 按照试验对试样强度等的要求,在煤粉中加入满足配比的水,搅拌均匀;

(3) 将搅拌均匀的煤粉分三次加入试验模具,根据试验要求施加载荷,达到预定载荷后,保持 2 h,确保型煤预制强度;

(4) 连接充放气系统,检验压出试验模具的气密性,保证密封良好;

(5) 利用真空泵抽取试验腔体内的空气,抽 24 h;

(6) 向试验腔体内充瓦斯,达到试验要求瓦斯压力后,吸附 24 h,保证模具内瓦斯吸附平衡；

(7) 通过观察模具上安装的压力表，确定达到吸附平衡后，开启加载系统，施加指定载荷来模拟煤矿井下地应力，并同时开启数据采集系统进行调试；

(8) 待系统准备完毕后，诱导压出；

(9) 如果顺利发生压出，则试验结束，同时停止数据采集；如果没有发生压出，则改变应力或瓦斯条件进行下一组试验，重复(4)～(8)步骤。

2.2.2.2 原煤试样

(1) 将大块原煤切割为与试验腔体同等尺寸的煤样，放入试样腔体内；

(2) 充入 1.5 倍的瓦斯压力检验腔体的气密性，确保密封良好；

(3) 利用真空泵对试验腔体抽真空；

(4) 向腔体内充入瓦斯并达到试验要求的瓦斯压力，待瓦斯压力平衡后吸附 24 h；

(5) 通过观察模具上安装的压力表，确定达到吸附平衡后，开启加载系统，施加指定载荷来模拟煤矿井下地应力，并同时开启数据采集系统进行调试；

(6) 待系统准备完毕后，诱导压出；

(7) 如果顺利发生压出，则试验结束，同时停止数据采集；如果没有发生压出，则改变应力或瓦斯条件进行下一组试验，重复(2)～(6)步骤。

两种试验方案的具体流程如图 2-10 所示。

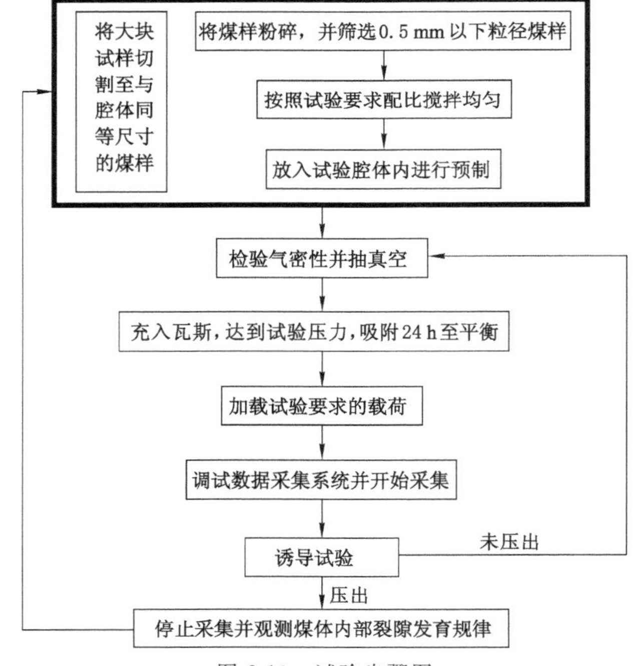

图 2-10 试验步骤图

2.2.3 试验结果

本书根据不同的试验条件，完成了 30 余组试验，观察了煤体破坏形态，测试了煤体压出过程中的瓦斯、应力等参数的变化，结果见表 2-2。

表 2-2 试验结果

试验编号	煤样编号	瓦斯压力/MPa	地应力/MPa	吸附时间/h	预装煤量/kg	灾害类型	抛出煤量/kg
1	X3	0.2	15	24	7.5	无	—
2	X3	0.3	15	24	8	压出	0.23
3	X3	0.4	15	24	8	漏气失败	—
4	X3	0.4	15	24	8	压出	0.35
5	X3	0.5	15	24	8	压出	0.40
6	X3	0.6	15	24	8	突出	3.45
7	X1	0.4	15	24	8	突出	3.47
8	X1	0.3	15	24	8	压出	0.65
9	X1	0.2	15	24	8	无	—
10	X4	0.4	15	24	8	无	—
11	X4	0.5	15	24	8	无	—
12	X4	0.6	15	24	8	无	—
13	X4	0.8	15	24	8	突出	0.89
14	X2	0.4	15	24	8	突出	1.10
15	X2	0.3	15	48	8	漏气失败	—
16	X2	0.3	15	48	8	漏气失败	—
17	X2	0.3	15	24	8	压出	0.25
18	X2	0.2	15	24	8	无	—
19	X2	0.4	30	24	8	压出	0.67
20	X2	0.25	20	24	8	无	—
21	X2	0.4	20	24	8	压出	0.81
22	X2	0.45	20	24	8	突出	2.00
23	X2	0.5	25	24	8	突出	3.23
24	YR	0.4	15	24	8.5	无	—
25		0.4	20	24	8.5	无	—
26		0.4	25	24	8.5	压出	0.20
27		0.4	30	24	8.5	压出	0.53
28		0.3	20	24	8.5	无	—
29		0.5	20	24	8.5	突出	0.30

表 2-2(续)

试验编号	煤样编号	瓦斯压力/MPa	地应力/MPa	吸附时间/h	预装煤量/kg	灾害类型	抛出煤量/kg
30	YY	0.4	30	24	8.7	无	—
31		0.4	35	24	8.7	冲击效应	0.20
32		0.4	40	24	8.7	冲击效应	0.35
33		0.5	30	24	8.7	无	—
34		0.5	40	24	8.7	冲击效应	0.40
35		0.6	45	24	8.7	冲击效应	0.50

(1) 煤体的破坏形态及残留孔洞

图 2-11 所示为煤体破坏后的涌出形态以及在腔体内残留的孔洞形状，其中(a)、(b)为发生突出时，煤体的破坏形态及残留孔洞，(c)、(d)为煤体发生压出时，诱导口的形状及煤体内残留孔洞形态。

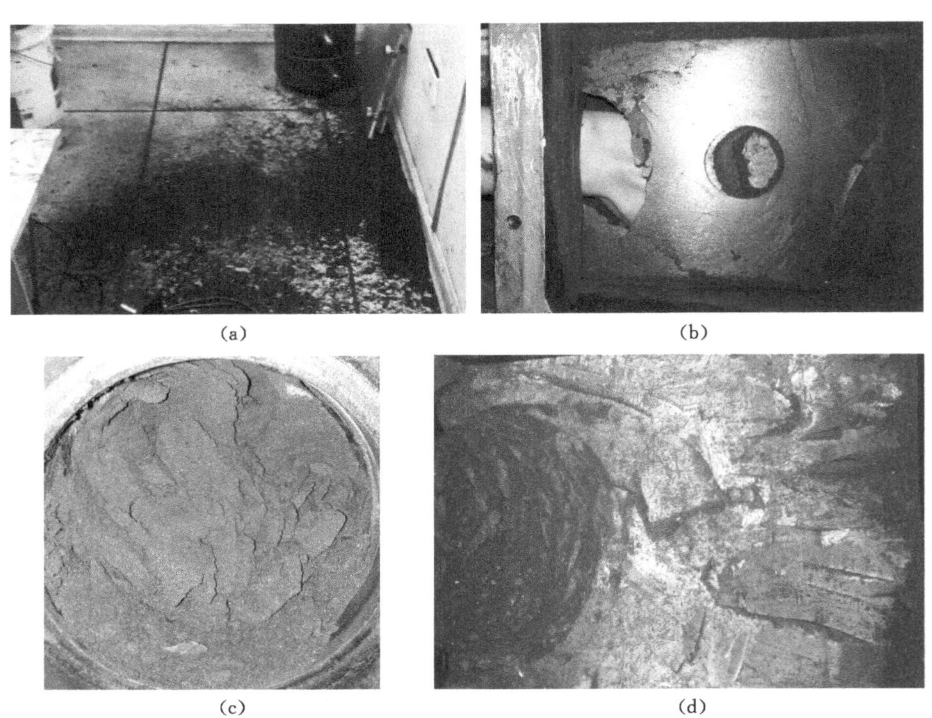

(a) (b) (c) (d)

图 2-11　煤体破裂形态

(2) 瓦斯压力变化

图 2-12 所示为诱导口打开后，不发生动力现象、发生压出动力现象和发生突出动力现象三种情况下，瓦斯压力的变化规律，其中 1# 传感器远离诱导口，2# 传感器靠近诱导口。由图 2-12 可以看出，在煤岩动力现象的发展过程中，距离诱导口不同距离处的瓦斯压力变化规律不同。由图 2-12(a)可以看出，在不发生动力现象时，瓦斯压力的释放速度较缓慢，没有呈现明显的突然释放。随着发生动力现象的类型的变化，瓦斯压力的释放速度逐渐加快，当动力现象表现为压出时，靠近突出口的瓦斯压力释放速度较快，远离突出口的瓦斯压力释放速度较慢；当动力现象表现为突出时，瓦斯释放速度非常快，在 2～3 s 内瓦斯压力完全释放，与诱导口距离的不同导致了瓦斯压力的释放速度有先后顺序之分。

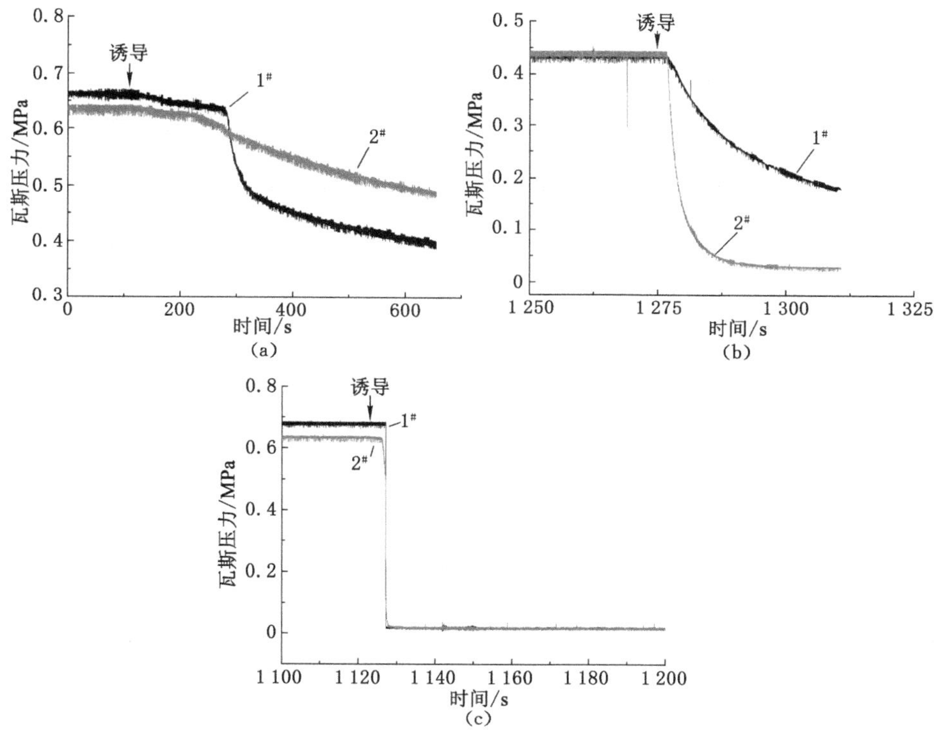

图 2-12 瓦斯压力变化

(a) 不发生动力现象；(b) 发生压出动力现象；(c) 发生突出动力现象

(3) 应力变化规律

图 2-13 为煤体突出和压出过程中应力变化规律，其中 1# 传感器远离诱导口，2# 传感器靠近诱导口，可以看出，距离诱导口不同位置，两个传感器监测到的应力变化存在明显的先后顺序和不同的变化规律。图 2-13(a)所示为煤体发

生突出时的应力变化规律，可以看出，应力降低速度非常快，在诱导后靠近诱导口的应力迅速降低，而远离诱导口的应力先升高后降低。图 2-13(b)所示为发生压出时应力变化规律，2# 传感器应力出现下降，不同的是在应力下降的过程中出现了一次短暂的停顿，应力降低的速度较快，当 2# 传感器应力降至较低后 1# 传感器监测到的应力开始升高，经历了 20 s 左右的升高后达到最大值，之后应力的降低是试验结束后卸载外界载荷所致。1# 传感器监测到的应力变化说明在压出过程中应力向深部进行了转移。

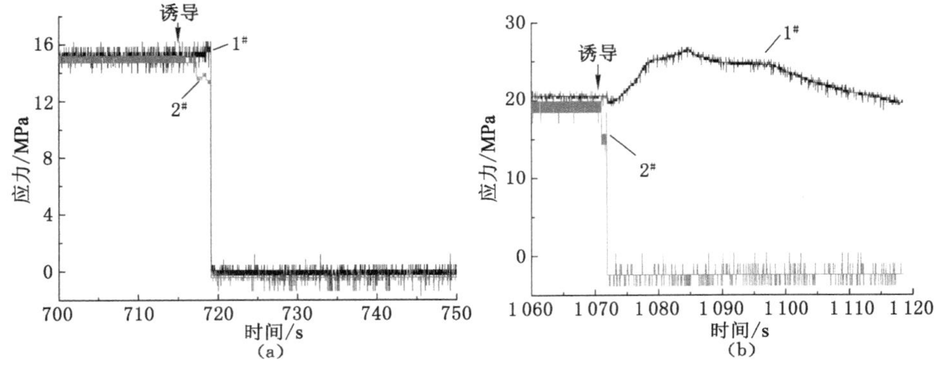

图 2-13　应力变化规律

(a) 煤体发生突出时应力变化规律；(b) 煤体发生压出时应力变化规律

2.3　本章小结

本章建立了煤岩动力现象模拟试验系统，进行了试验，得到了以下结论：

(1) 建立煤层压出动力现象的试验系统，包括加载系统、试验腔体、充气系统、瓦斯采集系统、应力采集系统，能够模拟压出、突出及煤体冲击破坏的试验，并同时采集试验过程中的应力、瓦斯压力数据。

(2) 模拟了煤与瓦斯压出、煤与瓦斯突出和含瓦斯煤冲击破坏的试验规律，研究了不同应力、瓦斯和煤体性质条件下，煤体发生动力显现现象的特征规律。

3 煤岩动力现象显现特征

煤岩动力现象与应力、瓦斯压力和煤体力学性质密切相关，三者中的任何一个发生变化都可能会导致动力现象显现的特征不同。本章通过试验研究不同动力现象的显现特征，并分析其原因。

3.1 煤岩动力灾害特征

3.1.1 煤与瓦斯压出[8]

一直以来，压出作为突出的一种显现形式进行研究，由于发生的频次较低，对其研究较少。近年来随着回采深度的逐渐增大，压出发生频次越来越多，因此对压出需要进行专门研究。与突出不同，压出主要是在地应力和瓦斯压力共同作用下发生，其动力特征与突出存在很大的不同，具体如下：

（1）煤体呈整体压出或块体抛出，抛运距离一般在数米之内，与典型的煤与瓦斯突出相比较小，抛出煤体基本位于一条直线，遇障碍物较少拐弯；

（2）堆积角约等于煤体自然安息角，压出的煤体没有分选性和轮回性；

（3）吨煤瓦斯涌出量大于煤层内瓦斯含量，有时会从煤体裂隙喷出瓦斯，造成涌出量异常，但不会造成风流逆转现象；

（4）可压坏推倒支架，推移矿车、采煤机和运输机，底鼓时会推走或破坏枕木钢轨；

（5）压出发生后在煤壁上留下口大腔小的孔洞，呈楔形、唇形，有时不会留下孔洞。

3.1.2 煤与瓦斯突出[8]

煤与瓦斯突出的发生是地应力和瓦斯压力联合作用的结果。其中，地应力起到破坏煤体的效果，在突出的发动阶段具有重要作用；瓦斯压力主要是将煤体抛出，在突出的发展过程中不断释放储存在煤体内的瓦斯潜能，促使煤体和瓦斯气体不断被喷出。煤与瓦斯突出主要发生在瓦斯被封存较好的区域，如掘进工作面，特别是在石门揭煤工作面。

煤与瓦斯突出主要表现为如下特征：

（1）突出形成的煤粉具有明显的气体搬运特征，随着瓦斯流的涌出可以搬运至距离突出点较远处，并且随巷道的合并分岔会随之发生变化；

(2) 形成的煤堆具有明显的分选性和沉积轮回性，形成的堆积角小于煤体的自然安息角，用手捻颗粒感不明显；

(3) 吨煤瓦斯涌出量大大超过煤层内瓦斯含量，有时突出强度大时会造成风流逆转；

(4) 动力效应剧烈，可推倒矿车甚至搬运设备和巨石，破坏矿井的生产系统；

(5) 形成口小腔大的倒鸭梨形孔洞，孔洞中心线倾角可为任意角度。

3.1.3 冲击地压[143]

冲击地压是应力超过煤岩体极限强度，积聚在煤岩体内的弹性能突然向外释放的动力现象。冲击地压可引起巷道和采动空间发生爆炸性事故，将煤岩抛向巷道，发出剧烈声响，造成煤岩体的震动破坏和巷道围岩的变形，同时还会破坏支架等采掘设备，造成人员伤亡。一般情况下，冲击地压发生时将直接产生以下现象：

(1) 将煤岩体抛向巷道；

(2) 引起岩体的强烈震动；

(3) 产生剧烈声响；

(4) 造成岩体的破断和裂缝扩展。

冲击地压发生时具有如下明显的显现特征：

(1) 突发性。冲击地压一般没有明显的宏观前兆而突然发生，难以准确地确定发生时间、地点和强度。

(2) 瞬时震动性。冲击地压发生过程急剧而短暂，与爆炸类似，伴随有巨大的声响和强烈的震动，采掘设备被推倒移走，人员被弹起摔倒。冲击地压引起的震动波传达范围可达几千米甚至几十千米，有时地面会有强烈的震感，但是持续时间一般较短。

(3) 巨大破坏性。冲击地压发生时，顶板可能瞬间明显下沉，有时底板突然开裂鼓起，甚至顶底板直接接触；常常有大量煤块甚至上百立方米的煤体突然破碎并从煤壁抛出，堵塞巷道，破坏支架；造成巨大的人员伤亡和财产损失。

3.1.4 煤岩动力现象共通性

煤与瓦斯突出、煤与瓦斯压出和冲击地压三类煤岩动力现象具有许多共同点，煤岩体的破坏抛出都是在应力或瓦斯压力的作用下发生的；无论煤体在破坏前呈现什么状态，一旦动力现象发生，在极短的时间内煤体发生剧烈的脆性破坏，并产生巨大或较大的动力效应；相比煤矿采掘空间，煤岩体的破坏都是局部破坏；发生时多数处于高应力区，并且现阶段的防治措施具有相似之处。在浅部回采时，煤与瓦斯突出、煤与瓦斯压出和冲击地压三种动力现象最显著的差异是煤体性质不同:煤与瓦斯突出主要发生在软煤层内,煤层中的软分层是动力现象发生的主要载体;冲击地压主要发生在较硬的煤层中,能够积聚较多的弹性能;发生压出的煤体性质介于两者之间。回采进入深部后,煤体力学性质越来越相似,差异性越来越小,因此使得动力现象的发生难以确定是煤与瓦斯突出、煤与瓦斯压出,还是冲击地压。

3.2　煤岩动力现象特征试验

煤岩动力灾害实际发生时,波及范围非常大,有时破坏或堵塞上百米的巷道,应力及能量的释放非常明显,在实验室条件下难以完全模拟灾害发生发展的全过程。三种动力现象发生时,煤岩体的破坏形式明显不同,因此本书侧重于模拟不同条件下,煤体发生冲击破坏时的形态。

3.2.1　煤与瓦斯压出

表 3-1 为压出试验所选用的煤体成型条件及试验条件。可以看出,压出过程涌出的煤体较少,基本位于 1 kg 以下,并且在试验过程中煤体没有出现明显的抛运过程。煤体强度越大发生压出时瓦斯压力的区间越大,X1 煤样在瓦斯压力为 0.3 MPa 时发生了压出,X3 煤样在瓦斯压力为 0.3 MPa、0.4 MPa、0.5 MPa 时均发生了压出。由此可以推测,压出主要发生在较硬的具有一定承载能力的煤层。

表 3-1　煤与瓦斯压出试验条件及结果

编号	煤样	瓦斯压力/MPa	模拟地应力/MPa	吸附时间/h	预装煤量/kg	抛出煤量/kg
1	X1	0.3	15	24	8	0.65
2	X2	0.3	15	24	8	0.25
3	X2	0.4	30	24	8	0.67
4	X2	0.4	20	24	8	0.81
5	X3	0.3	15	24	8	0.23
6	X3	0.4	15	24	8	0.35
7	X3	0.5	15	24	8	0.4

图 3-1 所示为煤体压出后的孔口煤体破裂情况,图(a)对应表 3-1 中第 1 组试验,图(b)对应表 3-1 中第 5 组试验,图(c)对应表 3-1 中第 6 组试验,图(d)对应表 3-1中第 7 组试验。从图(a)所示的压出后孔口位置煤体中可以观测到明显的裂纹,该裂纹沿纵向和横向将孔口煤体分割为许多块;从图(b)中能明显地观

测到煤体被剥离了一层，与压出口大小相等，内部新暴露的煤体发生破裂并出现剥离现象但不会被抛出。

当压出煤体的应力和瓦斯压力较大时，内部积聚的能量足以将煤体进一步破坏，诱导孔口处煤体的破裂程度较大，如图 3-1(c)、(d)所示，但是煤体仍然保持了一定的块度。

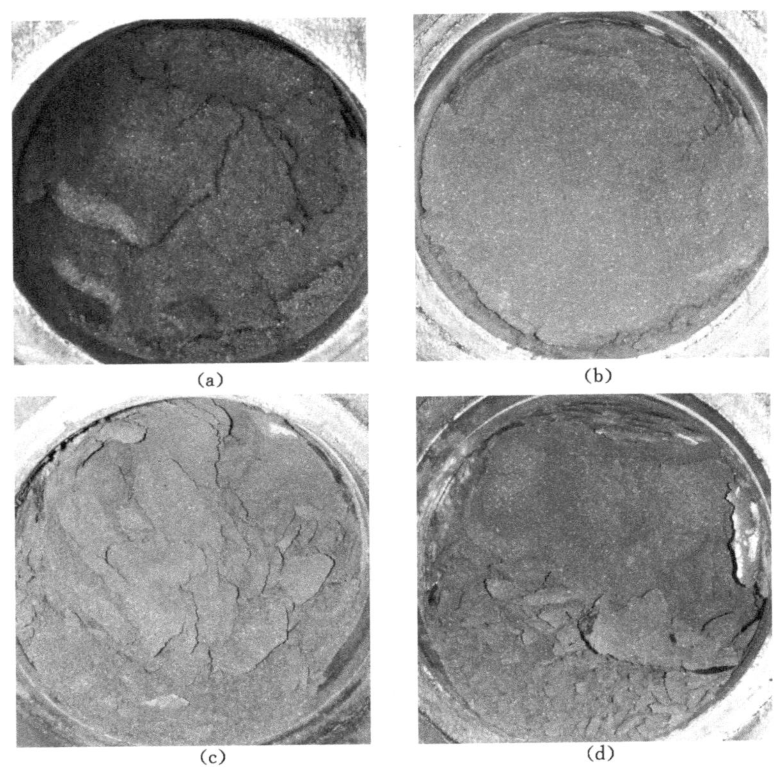

图 3-1　孔口煤体破裂状态

图 3-2 所示为煤体压出后试验腔体内残留的压出孔洞，其中图(a)对应表 3-1中第 1 组试验，图(b)对应表 3-1 中第 5 组试验，图(c)对应表 3-1 中第 6 组试验，图(d)对应表 3-1 中第 7 组试验。由图 3-2 可以看出，压出后试验腔体内的孔洞较小，位于压出方向中轴线的 1/4～1/3 区域，煤体内的孔洞为半球形，并且孔洞壁较为完整。煤体破裂后的裂纹呈现出层层深入的现象，但是每一层的厚度明显不同，如图 3-2(a)、(b)所示，说明煤体破裂后形成的层裂结构与煤体的强度密切相关。

煤体压出后的孔洞呈现出逐渐收缩的趋势，最大处与试验腔体孔口大小相当,说明在压出的过程中能量经历了一个逐渐降低的过程。在打开诱导口的一瞬间,应力梯度和瓦斯压力梯度达到了最大,煤体的破坏范围最大;当靠近孔口处的煤体被剥离压出后,试验腔体内的应力和瓦斯压力逐渐降低,导致孔洞逐渐收缩,并趋于消失。

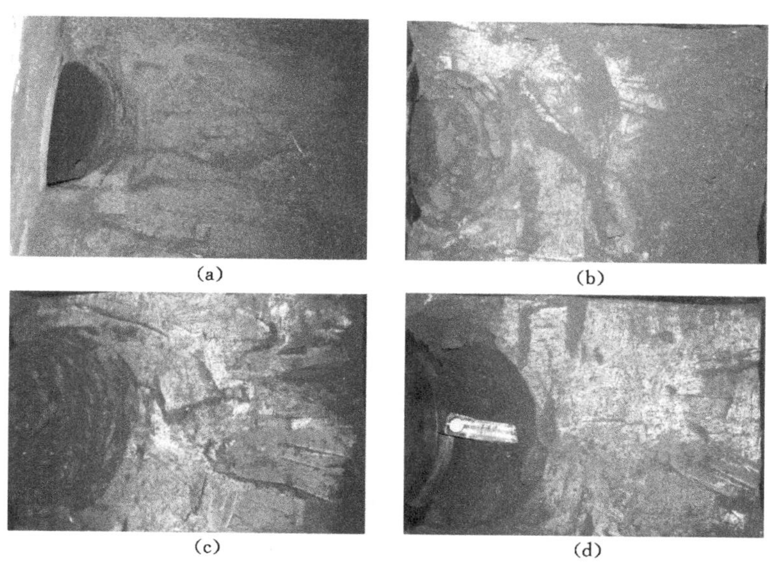

图 3-2 孔洞示意图

在试验过程中,选用了部分原煤试样进行了试验,如图 3-3 所示。煤样选用平煤二矿原煤试样,瓦斯压力为 0.4 MPa。图 3-3(a)、(c)、(e)外加应力为 30 MPa,图 3-3(b)、(d)、(f)外加应力为 35 MPa,其中图 3-3(a)、(b)为两组试验诱导口打开后抛出煤量以及煤体的破坏形态,图 3-3(c)、(d)为压出口处煤体的破坏形态,图 3-3(e)、(f)为煤体内残留孔洞。由图 3-3(a)～(d)可以看出,随着应力的升高,抛出的煤量越来越多,并且煤体破碎程度越来越大。这是因为应力越大时,煤体内的裂隙延伸扩展得越多,从而使得煤体的完整性越差;同时,应力越大,煤体内积聚的弹性能越多,当诱导口打开后,弹性能集中释放,抛出的煤体越多。由图 3-3(c)、(d)可以看出,诱导口打开后,多数煤体滑落在诱导口处。图 3-3(e)、(f)所示煤体内形成了一组指向诱导口处的层裂结构,在孔洞壁附近煤体的完整性保持较好,孔洞内的煤体呈现出粉化的状态。

3.2.2 煤与瓦斯突出

煤与瓦斯突出多发生在软分层内,而现场难以从这些煤层中取得完整煤样,因此利用型煤试样来代替。针对煤与瓦斯突出现象,设计了以下试验,如表 3-2 所列。

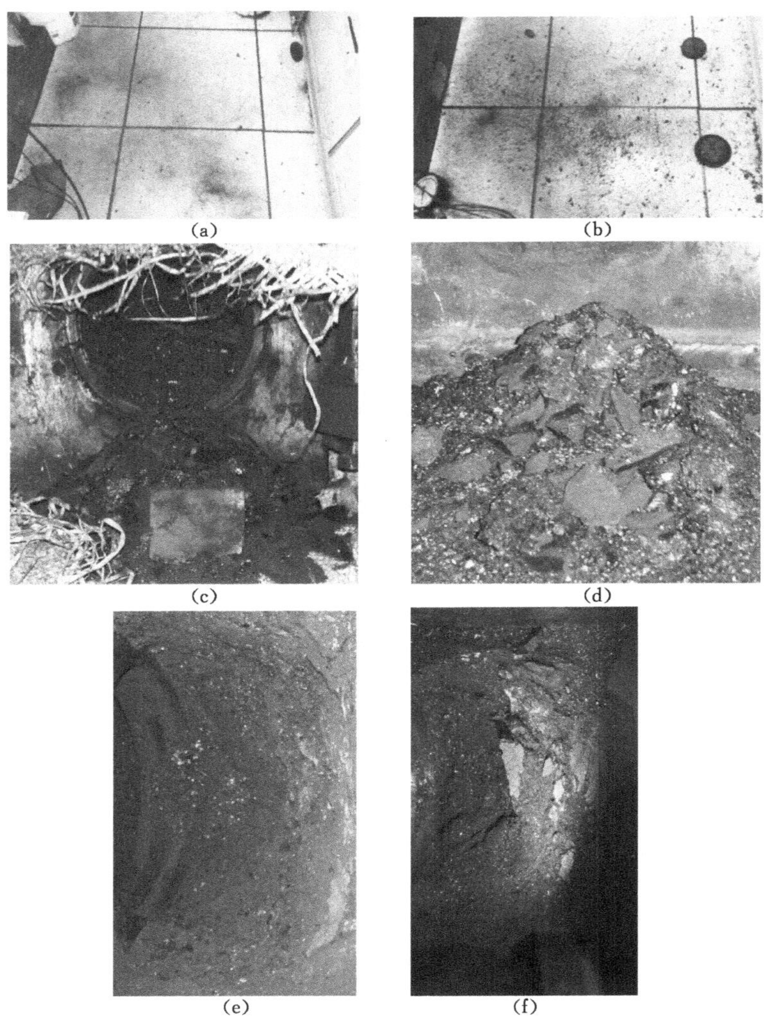

图 3-3　部分原煤试验结果

表 3-2　煤与瓦斯突出试验条件及结果

编号	煤样	瓦斯压力/MPa	模拟地应力/MPa	吸附时间/h	预装煤量/kg	抛出煤量/kg
1	X1	0.4	15	24	8	3.47
2	X2	0.4	15	24	8	1.10
3	X2	0.45	20	24	8	2.00
4	X2	0.5	25	24	8	3.23
5	X3	0.6	15	24	8	3.45
6	X4	0.8	15	24	8	0.89

煤与瓦斯突出主要是在瓦斯压力的作用下发生的。表 3-2 中所列均为发生突出时的临界瓦斯压力，可以看出，X4(成型压力为 30 MPa，含水率为 10%)型煤试样需要 0.8 MPa 瓦斯压力才会发生突出，并且突出的煤量较小；X3(成型压力为 15 MPa，含水率为 10%)型煤试样需要 0.6 MPa 瓦斯压力才会发生突出；相应地，当煤体强度逐渐降低后，发生突出需要的瓦斯压力逐渐降低。这说明在同样的应力条件下，煤体强度提高后，抵抗变形的能力增强。X2(成型压力为 30 MPa，含水率为 5%)型煤试样，外界应力为 20 MPa 时需要 0.45 MPa 瓦斯压力才会发生突出，外界应力升高后发生突出所需的临界瓦斯压力升高。外界应力的升高会将煤体内的孔隙裂隙压密，使瓦斯流动通道封闭。只有瓦斯压力升高到足以使瓦斯在孔隙裂隙内流动时，瓦斯才会向外释放。此时，煤体内积聚的瓦斯潜能较大，煤与瓦斯突出规模也较大。这在试验中也得到了验证。试验采用型煤试样，外界应力对于型煤试样而言为二次加压，会导致型煤的强度升高，使得发生突出所需的临界瓦斯压力升高。

图 3-4 所示为试验腔体内残留的突出孔洞，图(a)对应表 3-2 中第 1 组试验，图(b)对应表 3-2 中第 2 组试验，图(c)对应表 3-2 中第 3 组试验，图(d)对应表3-2中第 4 组试验，图(e)对应表 3-2 中第 5 组试验，图(f)对应表 3-2 中第 6 组试验。

由图 3-4 可以看出，煤与瓦斯突出发生后在试验腔体内会残留保持一定形状的孔洞，总体而言，腔体内残留的孔洞较大。图 3-4(d)、(e)中孔洞扩展至整个试验腔体，约 20 cm 长；图 3-4(a)所示孔洞扩展到压出方向中轴线的 3/4 位置处；图 3-4(b)、(c)所示孔洞占试验腔体的 1/3～1/2；而图 3-4(f)所示孔洞较小，约占试验腔体的 1/4。当诱导口打开一瞬间，孔口处形成了非常高的瓦斯压力梯度和应力梯度，靠近诱导口的煤体率先发生破裂，如果煤体强度较低时，裂隙易于向煤体内部扩展，使得突出煤体较多；煤体强度较大时，抵抗瓦斯压力和应力的能力较强，后续的瓦斯压力和应力不足以破裂煤体时，阻止了突出的进一步发展，使得在煤体内形成的孔洞较小。与图 3-4(a)相比，图 3-4(d)、(e)孔洞较大同时保持了较好的孔洞形状。

通过后续观察煤体内部孔洞，如图 3-5 所示，图(a)和图(b)分别对应表 3-2 中第 4 组和第 5 组试验。煤体内形成的突出孔洞呈现出明显的口小腔大的形状，说明从诱导口打开至突出结束，瓦斯内能和弹性能经历了一个由小到大再到小的过程。在诱导口的轴线上，孔洞发展至试验腔体的后壁，因为在诱导口轴线上形成的瓦斯压力梯度较大，煤体容易发生破裂，孔洞发育得更加深入。突出孔洞宽度最大处并不是位于试验腔体的中部，而是更加靠近孔口位置。这是因为在诱导口打开后，试验腔体内的瓦斯迅速向孔口处运移，在较短的时间内积聚了大量的瓦斯内能，将靠近孔口处的煤体破坏抛出；而试验腔体内储存的瓦斯总量一定，后续瓦斯内能不足以将更大范围的煤体破坏。现场发生煤与瓦斯突出时，

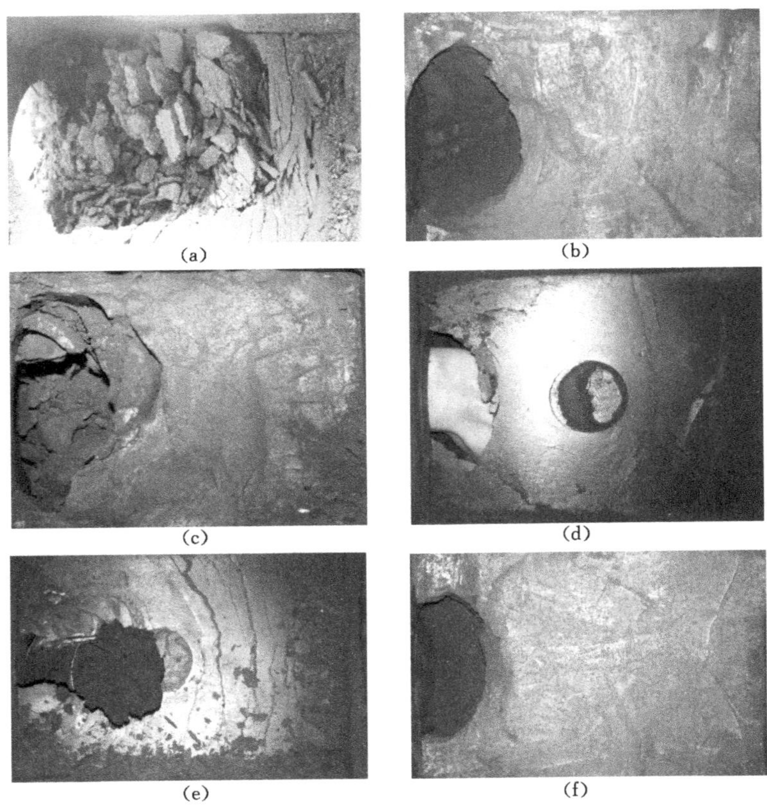

图 3-4　试验腔体内残留孔洞形状

在初期周围煤体内的瓦斯向此突出口流动运移，积聚了较大的瓦斯潜能，使得煤体破坏范围和孔洞越来越大；孔洞的增大使得瓦斯的卸压通道变大，瓦斯的释放速度越来越快。显然，煤体内的瓦斯不可能无限地向外流动释放，当周围煤体内的瓦斯不足以保证孔洞壁处的瓦斯压力梯度时，煤体破坏范围开始减小，接下来孔洞发展范围开始收缩并趋于停止。因此可以看出，试验和现场实际发生突出时能量都经历了先增大后减小的过程。

图 3-6 所示为诱导口打开发生突出后，煤体的抛出距离及破裂情况，图(a)对应表 3-2 中第 2 组试验，图(b)对应表 3-2 中第 3 组试验，图(c)对应表 3-2 中第 4 组试验，图(d)对应表 3-2 中第 6 组试验。

由图 3-6 可以看出，突出抛出的煤体破碎程度较大，呈现出明显的粉化特征，并且瓦斯压力越大，煤体抛出的距离越远。图 3-6(a)中瓦斯压力为 0.4 MPa，抛出距离较小，抛出煤体位于诱导口外 0.5 m 区域；瓦斯压力升高至 0.45 MPa时，抛出煤体较均匀地分布在诱导口外 1 m 区域内，如图 3-6(b)所示；

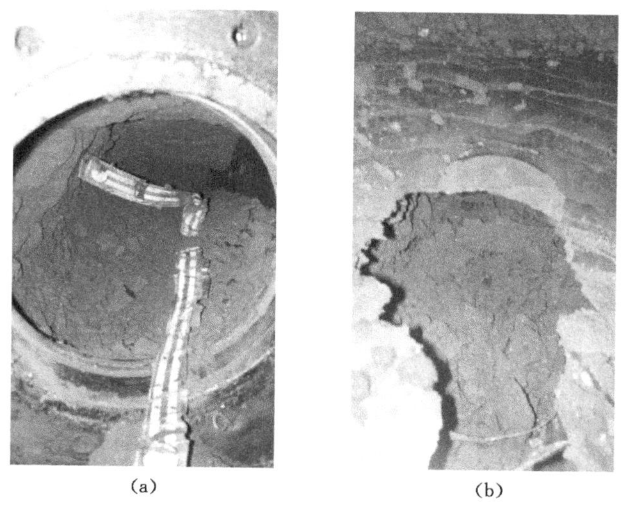

(a) (b)

图 3-5 煤体残留孔洞形状

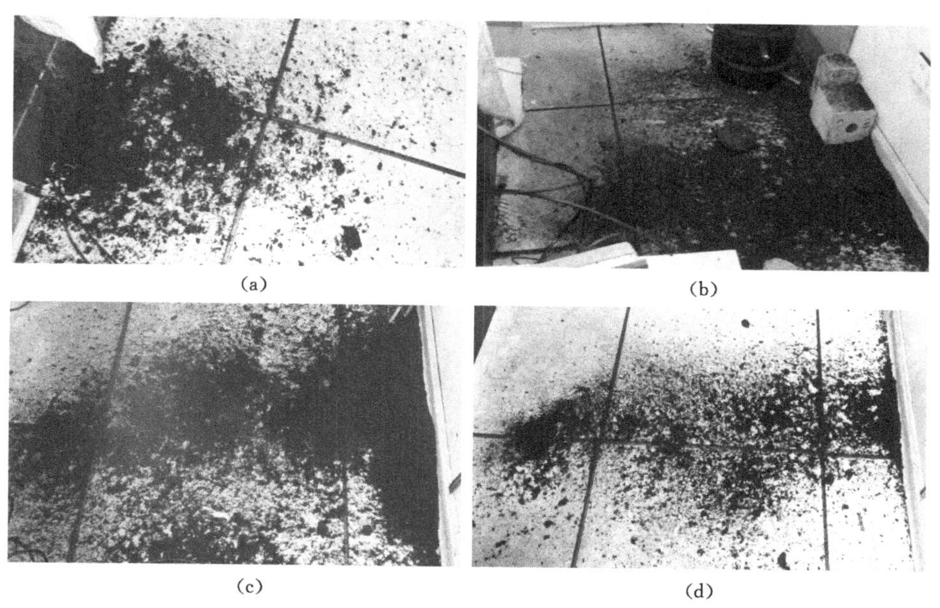

(a) (b)

(c) (d)

图 3-6 突出煤体分布

瓦斯压力为 0.5 MPa 和 0.8 MPa 时,由于墙壁的阻挡,抛出的煤体集中于墙壁下方。试验时,能够明显观察到被抛出的煤体存在分选性,靠近诱导口的煤体粒径较大,而远离诱导口的煤体粒径较小,并且能观察到明显的瓦斯气流吹过的痕迹。

3.2.3 含瓦斯煤冲击破坏

表3-3为硬煤发生冲击破坏时的瓦斯压力和应力条件。可以看出，随瓦斯压力和应力的增大，煤体发生冲击破坏抛出的煤量越来越多。图3-7(a)、(b)、(c)为表3-3中第2、3、4组煤体破裂后的状态。可以看出，第2组试验煤体破裂涌出后能够观测到明显的块体，第3组和第4组试样块度减小，说明随着瓦斯压力和应力的升高，煤体破坏的最小粒度逐渐减小。观察破坏煤体的抛出距离，第2组试样块度较大的煤块远离墙壁，靠近墙壁的煤体块度较小。第3组试样同样存在这种现象，但是煤体与墙壁之间的距离减小，这是因为诱导口打开后，煤块崩裂抛出碰撞在墙壁上弹回，说明了第2组试验中试样积聚的弹性能较第3组大。大量的研究表明[18,29,186]，瓦斯压力会降低煤体的抗压强度，在应力相同的情况下，瓦斯压力越大，煤体越容易发生破坏，抛出后煤体粒度越小。

表3-3 煤体冲击破坏试验条件及结果

编号	煤样	瓦斯压力/MPa	模拟地应力/MPa	吸附时间/h	预装煤量/kg	抛出煤量/kg
1	YY	0.4	35	24	8.7	0.2
2	YY	0.4	40	24	8.7	0.35
3	YY	0.5	40	24	8.7	0.4
4	YY	0.6	45	24	8.7	0.5

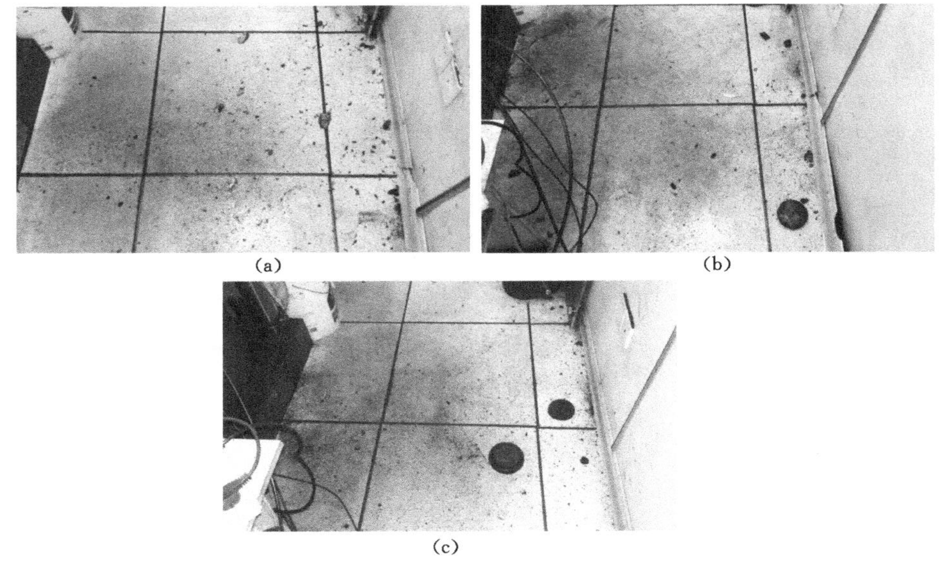

图3-7 煤体破裂形态

(a) 第2组；(b) 第3组；(c) 第4组

图 3-8 为表 3-3 中第 2～4 组试验煤体破裂抛出后腔体内破裂面的状态。可以看出，当瓦斯压力较低时，煤体的破裂面较为齐整，只有较少的煤体粉碎，表现出明显的弹性能释放造成煤体拉伸破坏的现象。瓦斯压力升高后，不仅仅有较大块的煤体破坏崩出，而且在残留煤体内还观察到了粉碎的煤体，并且孔洞壁形成了明显的层裂裂纹，裂纹指向诱导口处，形成的孔洞相比图 3-8(a)较大；瓦斯压力继续升高后，煤体的粉碎程度增大，形成的孔洞也增大。从煤体的粉碎程度和形成的孔洞大小来看，应力和瓦斯压力的升高会促进煤体破碎粒度的减小。这是因为煤体处于三轴受力状态时，围压限制了煤体的大变形，随着外界应力的升高煤体内强度由小到大的破裂面或裂隙逐次发生破裂；当应力超过煤体的强度极限时，煤体内的颗粒单元发生破裂，从而使得煤体的破碎粒度减小。当诱导

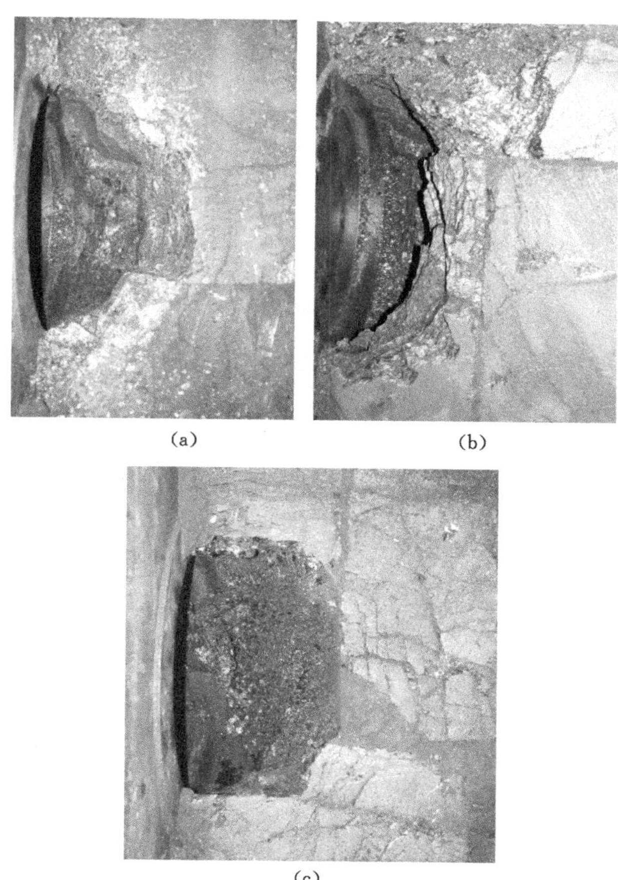

(a)　　(b)

(c)

图 3-8　煤体冲击破坏后孔洞形状

(a) 第 2 组；(b) 第 3 组；(c) 第 4 组

口打开后，已经破碎的煤体在应力和瓦斯压力的作用下被推出，并且孔洞内的裂隙也会向内部发展。

3.2.4 煤岩动力现象特征分析

由以上试验可知，煤体力学性质、瓦斯压力、应力三个要素中的任何一个发生改变，动力现象的特征及类型都可能随之变化。由表 3-2 中第 3 组试验(X2+0.45 MPa+20 MPa)和表 3-1 中第 4 组试验(X2+0.4 MPa+20 MPa)可以看出，瓦斯压力的升高会使得原本发生压出的煤体转变为发生突出；表 3-2 中第 2 组试验(X2+0.4 MPa+15 MPa)和表 3-1 中第 6 组试验(X3+0.4 MPa+15 MPa)表明煤体强度的升高会使得动力现象由突出向压出转变；对比原煤压出试验和含瓦斯煤冲击破坏试验可以看出，随应力和瓦斯压力的升高，两者煤体都出现了不同程度的粉碎，并且形成了明显的层裂裂纹，说明两者表现出来的现象具有较高的较大相似性。

3.3 煤岩动力现象显现特征分析

3.3.1 煤岩动力现象显现特征变化

影响煤岩动力现象的因素主要有应力、瓦斯压力和煤体力学性质三个方面，如果将其进一步分析，可分为两部分：一是为煤岩动力灾害发生提供动力，即应力和瓦斯压力，可以在煤层内积聚弹性能和瓦斯潜能；二是煤体力学性质，作为动力现象发生的载体，起到储存、释放和消耗能量的作用。应力和瓦斯压力的作用则会影响煤体的力学性质，最典型的就是在深部回采条件下，煤岩体由脆性向延性转变，例如工作面长时间发生巷道变形、煤壁外鼓。随着开采深度的增大，越来越多的煤岩体表现出延性特征，处于延性状态的煤体非常不稳定，当外界应力发生很小的扰动或遇到地质构造时，有可能会导致煤岩体的失稳破坏，甚至抛出。

深部工作面回采时，面临着高应力和高瓦斯的双重作用，煤体发生破裂时，弹性能和瓦斯潜能都会集中向外释放，两者释放比例的不同会导致煤岩动力现象表现出不同的特征。

3.3.2 煤岩体性质变化分析

煤与瓦斯压出、煤与瓦斯突出和冲击地压三种动力现象，煤体的性质存在较大的差异。发生煤与瓦斯突出的煤体强度较小，储存弹性能的能力较差；发生冲击破坏的煤体强度较大，能够储存大量的弹性能；发生煤与瓦斯压出的煤体性质介于两者之间，能够储存较多的弹性能，但是不能引起煤岩的大面积破坏。三种动力现象的载体不同使得在煤体破坏时消耗能量也不相同。发生煤与瓦斯突出的煤体强度较低，破坏煤体需要的能量较小，因此煤体在较小的应力和高瓦斯压力作用下即能发生破坏，动力现象能够持续发展。发生冲击破坏的煤体需要大量的能量，有时煤体强度能够达到 20 MPa，瓦斯压力很难对煤体造成较大的破坏，因此煤体主要是在弹性能的作用下发生破坏。此类煤体通常表现为脆性介质，煤体破坏的同时伴随着大量的弹性能释放，因此能够造成大面积的煤岩体破坏。发生煤与瓦斯压出的煤体强度介于两者之间，弹性能和瓦斯潜能的作用都不能忽视，同时两者不足以单独剧烈地破坏煤体，因此煤体破坏时也不会释放出大量的能量，造成的动力效应相较前两者平缓。

煤体是积聚储存、消耗释放能量的主体，其性质对煤岩动力现象发生的类型具有决定性的作用。然而回采进入深部后，高应力和瓦斯压力影响了煤体的力学性质。

浅部回采时，煤体主要呈现为弹脆性行为，煤岩体的破坏在时间上表现为一个渐进过程，具有明显的破坏前兆；回采进入深部后，煤岩体承受较大的围压，在低围压下表现为脆性的煤岩体在高围压下转化为延性，破坏前兆不明显。帕特森(M. S. Paterson)在常温下进行大理岩三轴试验，证明了随着围压增大岩石由脆性向延性转变[187]。

脆性与延性所指的是材料的破坏形式，破坏形式实际上包括两方面：一是根据不可逆变形量来区分[188]；二是根据试样自身破裂方式，将其划分为脆性和延性[189]。在深部高围压的作用下，煤岩体自身表现出强流变性，在非常长的时间内持续变形，如煤矿中有的巷道 20 余年底鼓不止[190]，说明在深部煤层高应力状态下，煤岩体从常见的脆性逐渐向延性转变。煤岩体脆性向延性的转变主要表现为以下三个方面[189]：

(1) 力学行为特性

煤岩体力学行为的变化表现在受载变形、破坏和失稳等特征的改变。应力-应变曲线的特性、屈服强度与摩擦强度的对比、强度曲线的斜率变化及残余变形量或延性度等变形破坏行为特征，都曾被用以判断岩石的破坏方式。突然失稳通常以脆性破坏为前提，往往可作为岩石处于脆性的一种标志。在延性和半延性域内，岩石的流动律和流变参数则有可能作为另一类定量指标，以判别流动属性和破坏形式。

(2) 宏观结构特性

煤岩体的宏观结构包括变形破坏的均匀性和分布特点两个方面。煤岩体表现为脆性时多是以劈裂、剪切破裂为主，裂纹之间为单斜或交叉关系，总体分布以条带状为主；煤岩体表现为延性时，多以多重剪切裂纹为主，裂纹之间以某一共轭角相互交叉。

(3) 微观或物理机制

脆性或延性破坏形式具有自身的力学机理：与脆性破坏对应的是破裂、摩擦

(指接触摩擦),相互之间多是裂隙面和裂隙面之间的作用;与延性破坏对应的是塑性流动,其中包括由位错运动、扩散、超塑性等机制所引起的固体流动,多是煤岩体颗粒和颗粒之间的相互作用,以及所含液体直接或间接的作用。

煤岩体破坏过程中发生脆性到延性的转变可归纳如表 3-4 所列。

表 3-4　煤岩脆延性转变

破裂形式	脆性	半脆性	脆性—延性	半延性	延性
机制	剪切或张-剪破坏	破裂为主碎伴有塑性流动	塑性流动伴有破裂	塑性流动(以位错机制为主)	塑性流动(扩散)
均匀性	极不均匀	不均匀	准均匀	准均匀	均匀
试件鼓状凸出	无	有	显著	显著	显著
失稳形式	突发失稳	渐进失稳或突发失稳	渐进失稳	渐进失稳	渐进失稳
变形试件示意剖面	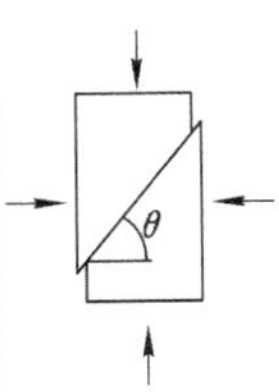 θ	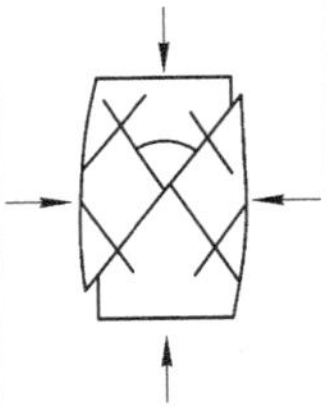	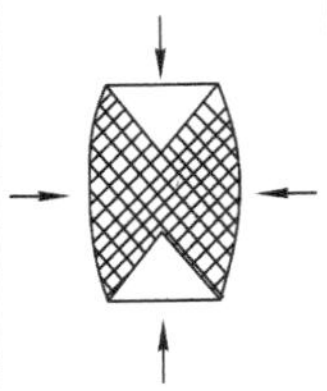	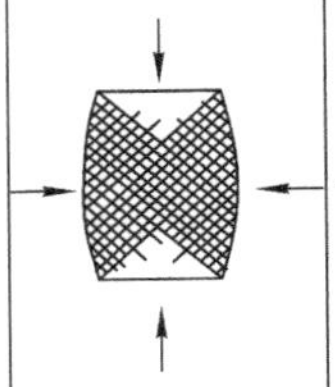	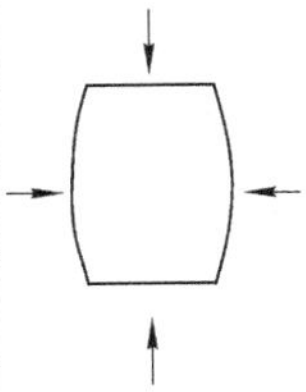

煤岩体脆性向延性转变受多种因素影响,其最基本的影响因素是煤岩体所含的成分及受力状况。除了不同的矿物质组成可直接影响岩石的可塑性和黏滞性外,应变率、温度以及流体介质等的存在都可能通过增强塑性成分促成脆性向延性转变。在高围压的作用下,煤岩体内部裂隙扩展会受到抑制,限制能量耗散形式,促进煤岩体内损伤破裂形式的变化,从而达到由脆性向延性转变的目的。

煤岩体所受围压较小或者不受围压作用时,应力超过其屈服极限后随着变形的增大逐渐降低,煤岩体表现为软化特性,即脆性特性;煤岩体在高围压的作用下,内部裂隙的延伸扩展受到了抑制,阻止了应力降低,表现为硬化特性,即延性特性。在应力-应变曲线上表现为如图 3-9 所示。煤岩体在较大的围压作用下,内部裂隙带扩展贯通被抑制,促进了裂隙的均匀扩展,颗粒间相互错动摩擦增多,煤岩体颗粒间的黏结力相应降低,煤岩体内的孔隙、裂隙趋于均匀。虽然在微观层面是煤岩体微元不断发生脆性破坏,但是宏观力学行为表现出准延性特性,而煤岩体表现出的延性变化则反映了煤岩体内晶粒的破坏和微裂纹的扩展。

脆性向延性的转化从应力-应变曲线特征也可以看出,当煤岩体表现为延性

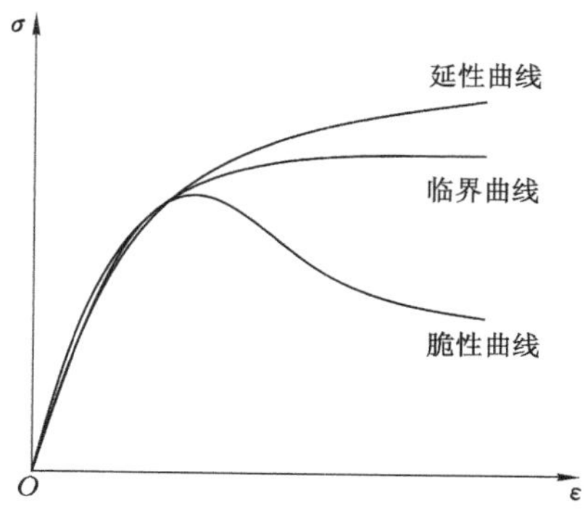

图 3-9 煤岩体脆延性曲线

特性时，应力升高的速率由大到小，但是其应力-应变曲线的切线斜率 $\partial\sigma_1/\partial\varepsilon_1$ 始终大于 0；当岩石表现为脆性特性时，在破裂前应力逐渐升高，破裂后应力迅速降低，也就是说在峰前阶段应力-应变曲线的切线斜率 $\partial\sigma_1/\partial\varepsilon_1$ 始终大于 0，当轴向应变 ε_1 超过峰值应变后，$\partial\sigma_1/\partial\varepsilon_1$ 开始小于 0。因此，可以根据应力-应变曲线的变化规律来分析煤岩体由脆性向延性转化的机制。

基于统计损伤理论可以得到煤岩体由脆性向延性转变的临界条件[191]：

$$\sigma_3 = (V_1 + V_2 + V_3 + V_4)/V_5 \tag{3-1}$$

式中，V_1、V_2、V_3、V_4、V_5是由煤岩体弹性模量 E、泊松比 μ、内摩擦角 φ、内聚力 C、单轴抗压强度 σ_c以及轴向应力 σ_1和径向应力 σ_3组成的函数。

煤岩体脆延性的变化与其所处的应力状态、自身物理力学性质密切相关。当煤岩体的强度较大时，由脆性向延性转化所需的应力水平会较大；当煤岩体强度较小时，所需应力水平较小。在实验室试验中已经观测到了多种岩石由脆性向延性的转变，相比而言，煤体从脆性向延性转变需要的应力水平更小。

3.3.3 煤岩动力现象显现特征变化原因

从能量角度来说，煤与瓦斯突出、煤与瓦斯压出和冲击地压三种动力现象是由于煤体积聚的能量超过了自身的储能极限，造成煤岩体破裂；煤岩体破裂不足以完全消耗释放出的能量时，部分能量转变为煤岩体的动能，造成煤岩体的破坏。

在以往的研究中，认为发生煤与瓦斯突出时煤层骨架储存的弹性潜能在煤体破坏的过程中已经消耗完毕，后续煤体的抛出和破裂是在瓦斯内能的作用下完成的，但是在实际的煤与瓦斯突出过程中，内部储存的弹性能与使煤体破裂所需要的能量不一定完全相等，此时储存的弹性能的进一步释放就会推倒煤体。因此，煤层内储存的弹性能是影响煤岩动力现象类型的关键因素之一。

研究煤岩动力现象的发生类型就是研究煤岩体内能量的储存和释放过程的

差异，煤岩体内的能量可分为三部分[120]：一是煤岩体在应力作用下受压变形储存的弹性能（E_e）；二是煤层内赋存瓦斯储存的瓦斯潜能（E_p）；三是煤岩动力现象发生过程中与外界进行的热量交换（Q_c）。煤岩动力现象发展过程中能量消耗可分为以下几个方面：煤岩体表面积增大而消耗的表面能（E_F）、煤岩体表面相互摩擦产生的热能（Q_1）、煤岩体运移过程中所具有的动能（E_k）、瓦斯解吸所需的热能（Q_2）、瓦斯向采掘空间释放出的瓦斯能（E_q）、煤岩体运动过程中遇到障碍物所消耗的能量（E_f）[85]以及以各种其他形式耗散的能量，简称耗散能（E_s），如电磁辐射能等，以上能量的储存和释放可以表示为下式：

$$E_e + E_p + Q_c = E_F + Q_1 + E_k + Q_2 + E_q + E_f + E_s \tag{3-2}$$

其中，耗散能、煤岩体运动过程中遇到障碍物所消耗的能量都是在煤岩动力现象发展过程中消耗的能量，关系动力现象的发生规模，而在分析发生动力灾害类型时可以予以忽略。煤与瓦斯突出发动过程中以及发展过程的前期，煤层内瓦斯以向外膨胀的形式释放瓦斯潜能，而向采掘空间释放出的瓦斯较少，大量的瓦斯解吸释放是在煤岩动力现象完成后发生的，此时瓦斯能的释放对于动力现象的影响较小。因此，瓦斯向采掘空间释放出的瓦斯能在分析煤岩动力灾害类型时可以予以忽略。煤岩体表面相互摩擦是一个放热过程，瓦斯解吸是一个吸热过程，两者可以相互补充，并且煤岩动力现象的发动时间短暂，大量的瓦斯解吸吸热是在发展演化过程中发生的，因此煤岩动力现象发动时与外界进行的热量交换可以予以忽略。因此式(3-2)可以化简为：

$$E_e + E_p = E_F + E_k \tag{3-3}$$

煤岩体在三向受压时，煤体骨架积蓄的弹性能可表示为[192]：

$$E_e = [\sigma_1^2 + \sigma_2^2 + \sigma_3^2 - 2\mu(\sigma_1\sigma_2 + \sigma_2\sigma_3 + \sigma_1\sigma_3)]/(2E) \tag{3-4}$$

式中，E 为煤岩体的弹性模量；μ 为泊松比；σ_1、σ_2、σ_3 分别为三个主应力。塑性应变是一种不可逆变形，煤体内储存的变形能向外释放较少，在分析过程中可以忽略。

煤岩动力现象发生时，煤层内瓦斯释放的瓦斯潜能主要来源于煤层内的游离瓦斯，游离瓦斯所储存的瓦斯潜能可表示为[120]：

$$E_p = \frac{p_2 V_p}{n-1}\left[\left(\frac{p_1}{p_2}\right)^{\frac{n-1}{n}} - 1\right] \tag{3-5}$$

式中，p_1 为煤层瓦斯压力，MPa；p_2 为煤岩体涌出后采掘工作面瓦斯压力，MPa，可按照大气压力计算，取 0.1 MPa；V_p 为涌出的瓦斯体积，m^3；n 为过程指数，对于等温过程 $n=1$，对于绝热过程 $n=1.31$（CH_4），对于多变过程 $n=1\sim1.31$。如果把煤岩动力现象看作一个绝热过程，上式可简化为[120]：

$$E_p = 0.4V_p(1.585p_1^{0.2} - 1) \tag{3-6}$$

煤岩动力现象发生后，煤岩体的表面积大幅增加，消耗大量的能量，煤岩体破碎消耗的能量可以根据煤岩体破碎做功计算，如下式[120]：

$$E_F = 6WV_s[\sum(\gamma_i/d_i) - \sum(\lambda_i/D_i)] \tag{3-7}$$

式中，W 表示煤岩体内形成单位表面积所消耗的能量；V_s 为煤岩体抛出之前的体积；d_i 为煤岩体破裂后的块度；γ_i 是直径为 d_i 颗粒在煤岩体破裂后整个分布内所占的体积百分比；D_i 为煤岩体破裂前的块度；λ_i 是直径为 D_i 颗粒在煤岩体破裂前整个分布内所占的体积百分比。由煤岩体破碎功可以看出，煤岩体破碎前后粒径相差越多消耗的能量越多；煤岩体强度较高，煤岩体颗粒之间黏结力较大时，生成单位面积的新表面所需能量越多，发生煤岩动力现象时消耗能量越多。煤体强度较大时，形成单位表面积需要消耗更多的能量，表面能越大。

煤岩体被抛出后所具有的动能可用下式表示：

$$E_k = \frac{1}{2}m_1 v^2 \tag{3-8}$$

式中，m_1 为抛出煤岩体的质量；v 为煤岩体被抛出时的速度。

在分析煤岩动力现象是否会发生时，主要是看煤岩体内储存的弹性能和瓦斯潜能两者之和与煤岩体破坏所需表面能之间的关系。当 $E_e + E_p \geqslant E_F$ 时，会发生动力现象；当 $E_e + E_p \leqslant E_F$ 时，不会发生动力现象。

根据 E_e、E_p、E_F 三者之间的关系，我们可以对煤岩动力现象发生类型进行以下分类：

（1）当 $E_e + E_p \gg E_F$ 时，会发生较大规模的动力现象，此时应当判断煤体内弹性能和瓦斯潜能的大小。根据郑哲敏的分析可知，典型的煤与瓦斯突出，煤层内积蓄的瓦斯潜能超过弹性能两个数量级以上[193]，也就是说，当瓦斯潜能超过弹性能两个数量级（$E_p \gg E_e$）时，会发生煤与瓦斯突出；当弹性能远远超过瓦斯潜能（$E_e \gg E_p$）时，会发生冲击地压；当两者相差不大时，煤岩体发生的动力现象在前期会表现出冲击地压的特征，后期表现为煤与瓦斯突出的现象。

（2）当 $E_e + E_p$ 略大于 E_F 时，被推出的煤岩体具有的动能较小，发生的动力现象以煤与瓦斯压出为主，此时造成的动力效应较小。

冲击地压、煤与瓦斯突出和煤与瓦斯压出三种动力现象能量来源及占比不同，所以造成了三种动力现象在发生时完全不同的特点。冲击地压需要大量的弹性能，只有当回采到一定深度，原岩应力场、采动应力场和构造应力场等叠加后形成显著的应力集中时，煤岩体内才能积聚大量弹性能。采煤工作面扰动范围较大，造成的应力转移和集中现象较为明显，工作面前方一定距离内存在较明显的应力集中区域，因此冲击地压多发生在采煤工作面旁的巷道内。

煤与瓦斯突出能量主要来源于煤层内储存的瓦斯潜能，采煤工作面在推进过程中会在前方形成较为规律的“三带”。正常回采条件下，卸压带内的瓦斯含量较低，放散得较为充分，因此积聚的瓦斯潜能较少，不易发生煤与瓦斯突出；而石门揭煤和煤巷掘进时，掘进工作对煤层造成的扰动较小，瓦斯放散不充分，易于积聚较多的瓦斯潜能，尤其是石门揭煤时，当受到外界扰动积聚的大量瓦斯潜能集中释放时，会发生煤与瓦斯突出动力现象。

当煤体强度介于以上两者之间时，能够储存较多的弹性能，同时赋存较多的瓦斯。瓦斯压力在0.5 MPa左右时，回采过程中能形成较大的应力，如遇到地质构造，应力转移发生异常时就有可能发生煤与瓦斯压出灾害。

3.4 本章小结

本章通过试验研究了煤与瓦斯突出、煤与瓦斯压出和冲击地压三种动力现象的特征及差异，并分析了动力现象显现特征不同的原因，得到了以下结论：

(1) 通过试验研究了不同动力现象的特征，研究结果表明：煤与瓦斯压出发生时，抛出煤体量较少，抛出距离较小，有时没有抛出过程，煤体发生层裂破坏，被压出的煤体进一步发生剪切破坏，煤体内形成指向孔口的裂纹。煤与瓦斯突出发生时，抛出煤体量较多，抛出距离较大，抛出煤体粉碎，煤体和瓦斯抛运过程具有明显的方向性，动力效应剧烈，残留煤体形成明显的层裂裂纹。含瓦斯煤冲击破坏时，煤体破坏后呈现为明显的块状，煤体破裂面齐整，没有明显的指向性，表现出显著的弹性能释放，随着瓦斯压力和应力的升高，煤体破碎逐渐由块状向粉末状过渡，并且残余煤体内形成具有指向性的裂纹。

(2) 煤岩动力现象显现特征不同的原因包括煤体力学性质的转变和能量释放比例不同两个方面。在深部高应力和高瓦斯压力的作用下，煤体会由脆性向延性转变，脆延性转变的条件与煤体的力学性质和应力条件密切相关；作用力的转变本质是由于煤体内部积聚的弹性能和瓦斯潜能，以及能量释放途径不同。

4 煤与瓦斯压出过程及影响因素

煤与瓦斯压出是煤体在应力和瓦斯压力的共同作用下发生的，应力、瓦斯压力变化规律和煤体的破裂规律能够反映压出发展的过程，同时，压出发生的规模及发展变化过程也受初始应力、瓦斯压力和煤体力学性质的影响。顶底板岩石作为影响应力变化的一个重要因素，其作用及影响也是不容忽视的。本章研究压出发展过程中应力、瓦斯和煤体破裂形态的变化规律，并分析影响压出过程的因素及其规律。

4.1 煤与瓦斯压出过程中应力和瓦斯压力变化规律

4.1.1 应力变化规律

鉴于试验腔体的尺寸以及应力传感器的长度，在试验腔体内布置了两个应力传感器，传感器的感应区在试验腔体诱导口的中轴线上，传感器的位置见图 2-6(c)，其中 1# 传感器远离诱导口，2# 传感器靠近诱导口。压出过程中应力分布及变化规律如图 4-1 所示，图 4-1(a)试验条件：X3 煤样(成型压力15 MPa，含水率 10%)，应力 15 MPa，瓦斯压力 0.4 MPa，图 4-1(b)试验条件：X2 煤样(成型压力 30 MPa，含水率 5%)，应力 20 MPa，瓦斯压力 0.4 MPa。

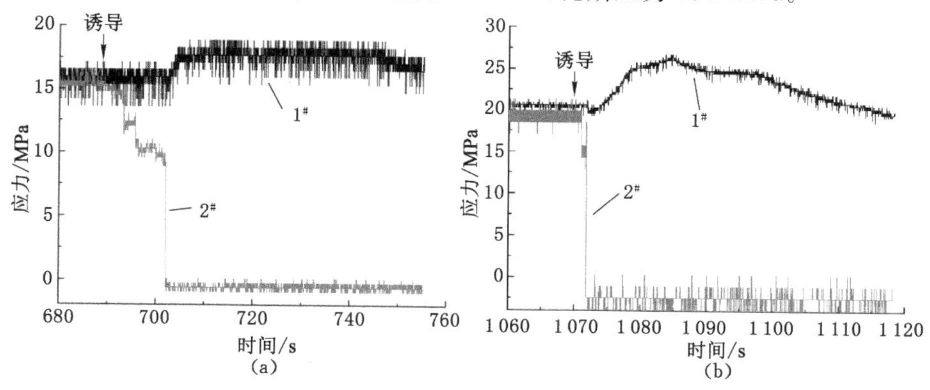

图 4-1 应力变化规律

由图 4-1 可以看出，距离诱导口不同位置，应力分布及变化规律不同，煤体内的应力变化存在明显的先后顺序和不同的趋势。由图 4-1(a)可以看出，在诱导的一瞬间 2# 通道的应力降低，但是降低速度较为缓慢，之后应力出现了三次“阶梯形”的下降，并且下降幅度逐渐增大，这说明煤体的破裂是一个不连续的分层过程；当应力降至 0 后，1# 传感器的应力值开始出现变化，与 2# 传感器的应力值降低不同的是，1# 传感器的应力值出现了小幅的升高。图 4-1(b)试验同样出现了类似的规律，在诱导口打开的一瞬间，2# 传感器的应力值出现下降，在应力下降的过程中出现了一次“阶梯”，应力降低的速度较快，当 2# 传感器的应力值降至较低后，1# 传感器监测到的应力值开始升高，经历了 20 s 左右的升高后达到最大值，之后应力降低。由应力变化规律可知，2# 和 1# 传感器的应力存在明显的接续变化，因此可以判断应力的转移变化是由浅及深的转移过程。

结合压出过程的应力变化规律可以看出，从压出发生至结束整个过程所经历的时间较长，煤体发生破裂的速度较缓慢，并且在压出发生过程中应力存在明显的转移现象，伴随着煤体的不断破坏。在观测腔体内煤体的裂隙变化时，发现在压出口轴线上煤体的强度存在明显的不均匀分布。

4.1.2 瓦斯变化规律

为分析压出过程中瓦斯的变化规律，在突出腔体上布置两个瓦斯压力传感器[图 2-5(c)]，1# 传感器靠近充气口，2# 传感器靠近突出口。图 4-2 所示为压出发展过程中瓦斯压力变化规律，其中图 4-2(a)试验条件：X1 煤样(成型压力 15 MPa，含水率 5%)，瓦斯压力 0.3 MPa，应力 15 MPa；图 4-2(b)试验条件：X2 煤样(成型压力 30 MPa，含水率 5%)，瓦斯压力 0.4 MPa，应力 20 MPa。

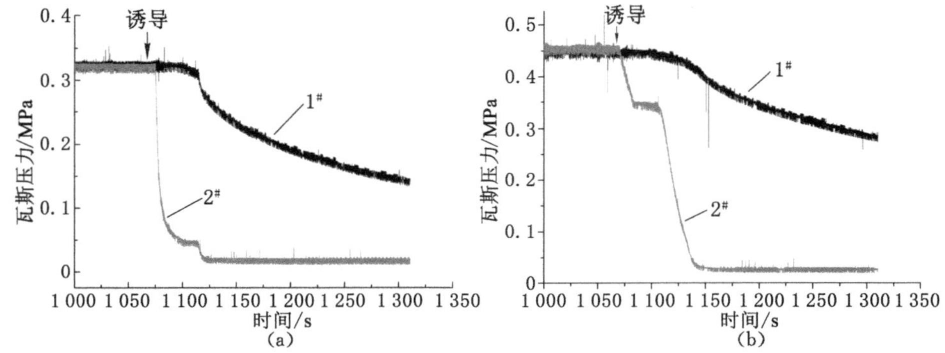

图 4-2 压出过程中瓦斯压力测试结果

(a) X1 煤样；(b) X2 煤样

由图 4-2 可以看出，在压出的发展过程中，距离诱导口不同距离处的瓦斯压力变化规律不同。由图 4-2(a)可以看出，在诱导打开的一瞬间，2# 传感器的瓦斯压力迅速降低，并且幅度较大，释放出了较多的瓦斯潜能，之后瓦斯压力出现了短时间的稳定期，后期瓦斯压力再次下降。2# 传感器处瓦斯压力进入稳定期后，1# 传感器处的瓦斯压力开始降低，但其降低幅度较小并且较为平缓，表现为瓦斯自然放散的状态。与图 4-2(a)相似，图 4-2(b)所示试验中，靠近诱导口处的 2# 传感器瓦斯压力降低较快，并且分为了两次下降，远离诱导口处的 1# 传感器则是在 2# 传感器处压力进入稳定期后开始出现降低，并且降低幅度较小。

由瓦斯压力的变化规律可以看出，在压出的发生发展过程中，瓦斯的压力降低幅度较小、释放速度较慢、参与的瓦斯较少，存在明显的先后顺序，压出口附近瓦斯压力释放完成后，煤体内部的瓦斯才开始解吸释放，同时瓦斯压力不足以剧烈地破坏煤体。

4.1.3　煤体破裂规律

压出发生后，有时在煤体内会有残留孔洞，有时观测不到明显的孔洞，但是能够观测到明显的裂隙。图 4-3(a)、(c)、(e)试验条件为：X2 煤样(成型压力 30 MPa，含水率 5%)，瓦斯压力 0.4 MPa，应力 30 MPa；图 4-3(b)、(d)、(f)试验

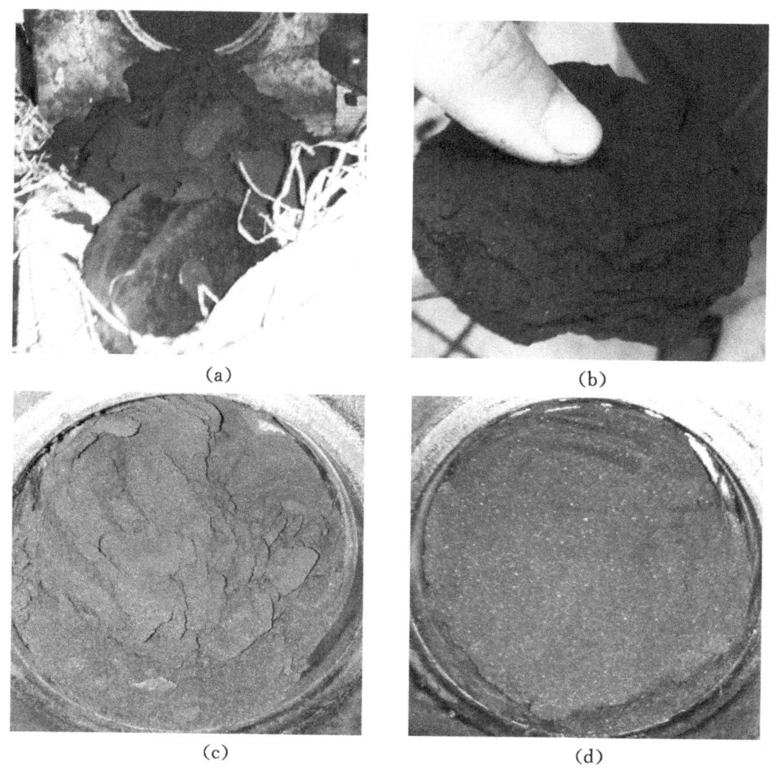

(a)　(b)

(c)　(d)

图 4-3　不同位置处煤体破裂形态

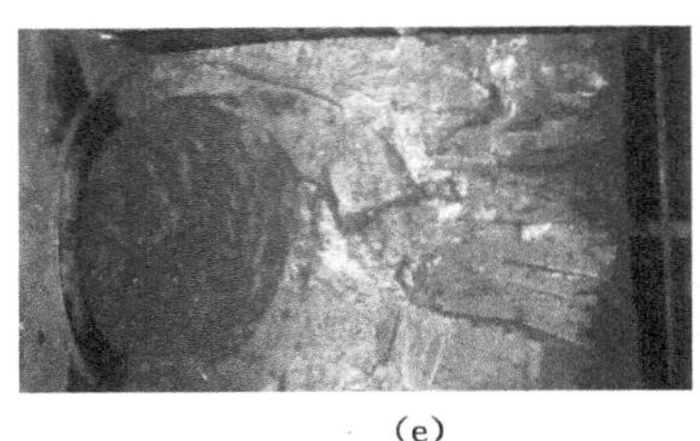

(e)

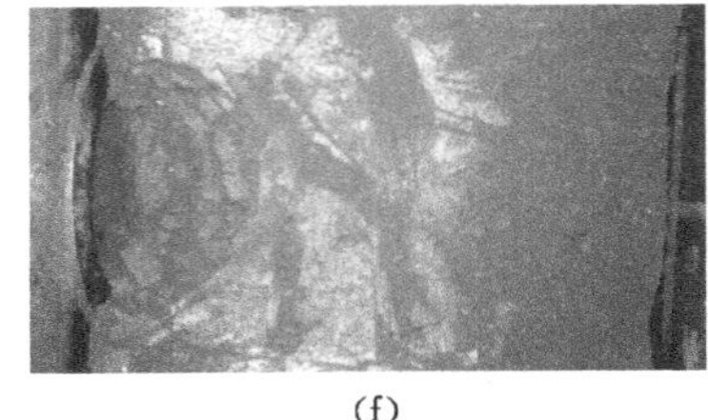

(f)

图 4-3(续)　不同位置处煤体破裂形态

条件为 X2 煤样(成型压力 30 MPa,含水率 5%),瓦斯压力 0.3 MPa,应力 15 MPa;图 4-3(a)、(b)为两组试验的压出的煤体,图 4-3(c)、(d)为两组试验的残留的孔洞,图 4-3(e)、(f)为两组试验对应的诱导口煤体破裂形状。

图 4-3(a)、(b)最先压出的煤体保持了良好的完整性,煤体被剥离了一层。图 4-3(a)中靠近腔体的煤体较破碎,表明了煤体被剥离之后发生了破裂,图 4-3(c)也观察到诱导口的煤体较破碎,而图 4-3(d)中煤体保持着一个完整的形状。打开上盖将上部的煤体取出后,发现诱导口处的煤体已经破碎,呈现出块状,散落在孔洞内,并且由煤体在孔洞内的散落情况能够看出,没有明显的运动过程,说明煤体内瓦斯内能较小,不足以将煤体破碎至粉末并抛出。煤层内残留的孔洞长度占整个腔体长度不到 1/2,压出的影响范围较小,而在残余煤体内形成了一组指向诱导口的层状裂纹,这是由于诱导口打开的一瞬间,指向诱导口方向上应力梯度和瓦斯压力梯度最大。

由煤体的破裂形态和形成的孔洞可以看出,压出的发生过程中,地应力在破坏煤体时起到了主要作用,瓦斯的存在促进了煤体破裂。

4.2　瓦斯压力对煤与瓦斯压出的影响

在煤与瓦斯突出的孕育发展演化过程中,瓦斯的作用可分为两个方面[94]:一是在孕育过程中游离瓦斯对煤体骨架的力学作用和吸附瓦斯对于煤体骨架的蚀损作用,两者综合作用会降低煤体的强度,增加煤体的脆性;二是在发展过程中,瓦斯可以破碎煤体并将煤体抛出。与突出相比,煤与瓦斯压出发生过程中瓦斯参与程度较小,但是与煤体的相互作用机制大体相同。本书从压出规模、瓦斯潜能释放速度和压出煤体破裂形态三个方面分析瓦斯对煤与瓦斯压出的影响。

4.2.1　压出规模

表 4-1 为相同煤体性质和应力条件下,不同瓦斯压力对煤与瓦斯压出影响的试验结果。由表 4-1 可以看出,在煤体力学性质和应力保持不变的情况下,随着瓦斯压力的逐渐升高,压出煤量逐渐增多,并且在瓦斯压力位于 0.5～0.6 MPa 之间

时，存在突变点，发生的动力现象由煤与瓦斯压出突变转为煤与瓦斯突出。

表 4-1　不同瓦斯压力条件下煤与瓦斯压出的试验结果

编号	煤样	模拟地应力/MPa	瓦斯压力/MPa	吸附时间/h	预装煤量/kg	灾害类型	涌出煤量/kg
1	X3	15	0.2	24	7.5	无	—
2			0.3			压出	0.23
3			0.4			压出	0.35
4			0.5			压出	0.40
5			0.6			突出	3.45

图 4-4 为表 4-1 中 2、3、4、5 组试验煤体被压出后所形成的孔洞，其中图 4-4(a)、(c)、(e)、(g)为诱导口处形成的孔洞，图 4-4(b)、(d)、(f)、(h)为煤体内残余的孔洞。从图中可以看出，瓦斯压力为 0.3 MPa 时，诱导口的煤体仅被剥离了一层，煤重 0.23 kg，从孔口观察基本没有形成孔洞。将诱导后松动的煤体清理后可以看到残余的孔洞呈现出口大腔小的形状，孔洞壁形成一组明显的层状裂纹。随着瓦斯压力的增加，压出的煤体越来越多，瓦斯压力为 0.4 MPa 时，部分煤体已经被压出突出口，压出的煤体质量达到 0.35 kg，压出的煤体呈现明显的层裂破坏，在煤体内形成的孔洞仍然是呈现口大腔小的形状，并且孔洞体积较 0.3 MPa 时大，煤体内孔洞壁仍然会形成一组层状裂纹。瓦斯压力达到 0.5 MPa 时，压出后形成的孔洞较为明显，压出煤体质量达到 0.4 kg，观察煤体内的孔洞形状，口大腔小的现象已经不太明显，并且煤体的破碎程度显著加强，层状裂纹不明显；靠近孔口的煤体已经破碎，煤体深部的裂纹则能观察到一定的层状裂纹。当瓦斯压力达到 0.6 MPa 时，表现为明显的煤与瓦斯突出现象，突出煤量3.45 kg，并且在煤体内形成了明显的孔洞。

从以上五组试验的孔洞形状和煤体破裂情况的变化规律可以看出，瓦斯压力会影响煤与瓦斯压出过程中煤体破碎程度和涌出量，并且瓦斯压力超过某一临界值后，煤与瓦斯压出会向煤与瓦斯突出转变。

4.2.2　瓦斯潜能释放速度

图 4-5 为瓦斯压力的升高对煤与瓦斯压出过程中瓦斯变化规律的影响，试验煤样均为 X1 煤样（成型压力 15 MPa，含水率为 5%），外界施加应力为 15 MPa，图 4-5(a)～(c)瓦斯压力依次为 0.2 MPa、0.3 MPa 和 0.4 MPa。

由图 4-5 可以看出，煤体内瓦斯压力的升高对于煤与瓦斯压出演化过程中瓦斯压力的变化规律会产生显著的影响。图 4-5(a)所示的试验，诱导口打开后，没有发生任何动力现象，2# 传感器和 1# 传感器监测到的瓦斯压力缓慢下降；随着充气压力的升高，瓦斯压力降低幅度逐渐升高，如图 4-5(b)所示；当瓦斯压力

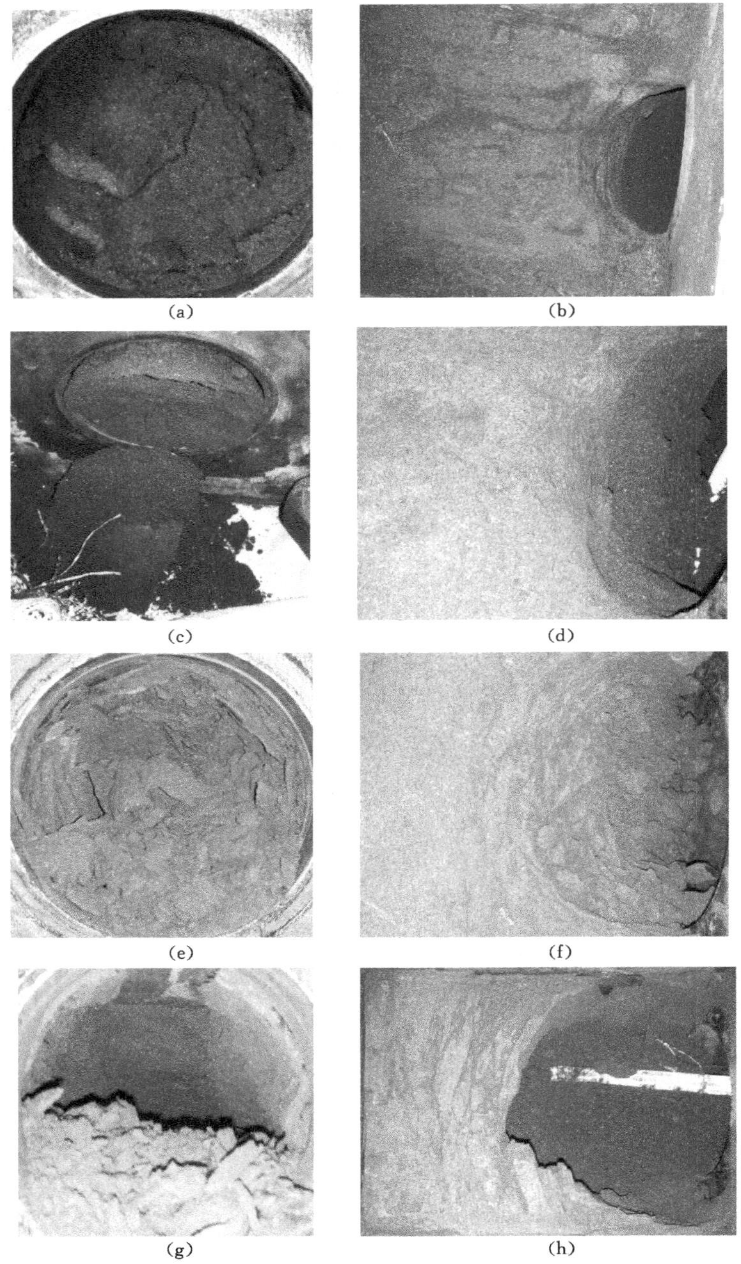

图 4-4　孔口煤体破裂形态及残留孔洞

(a) 2 组孔口煤体破裂形态；(b) 2 组孔口煤体残留孔洞；(c) 3 组孔口煤体破裂形态；(d) 3 组孔口煤体残留孔洞；(e) 4 组孔口煤体破裂形态；(f) 4 组孔口煤体残留孔洞；(g) 5 组孔口煤体破裂形态；(h) 5 组孔口煤体残留孔洞

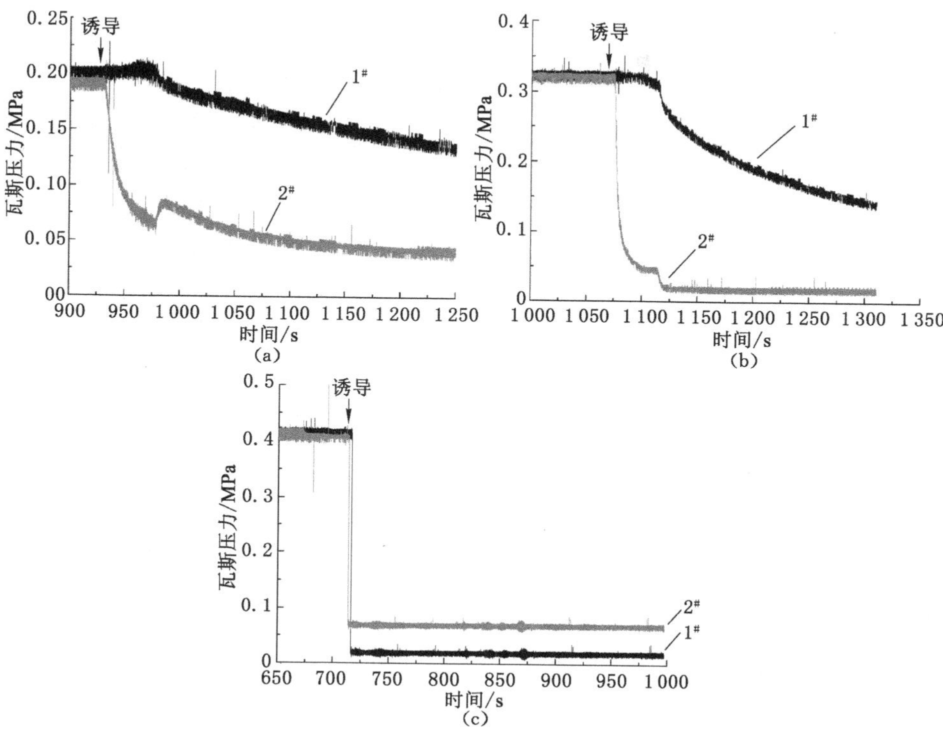

图 4-5 瓦斯压力对煤与瓦斯压出过程中瓦斯变化规律的影响

(a) 瓦斯压力 0.2 MPa；(b) 瓦斯压力 0.3 MPa；(c) 瓦斯压力 0.4 MPa

增大到一定程度，内部积聚的瓦斯潜能和煤体内的弹性能足以破坏煤体将煤体抛出，此时打开诱导口后，瓦斯压力迅速下降，如图 4-5(c)所示。

瓦斯压力变化规律也反映了煤体压出过程的演化规律，瓦斯压力的降低实际是一个向外释放瓦斯潜能的过程，瓦斯潜能的快速释放必然需要通道，同时会破坏煤体，瓦斯潜能转化为一部分的煤体表面能，并且瓦斯气体和煤粉混合形成瓦斯流将煤体抛出；当瓦斯压力较低时，内部瓦斯潜能较少不足以克服煤体的表面能，只会沿着煤体的破裂裂隙向外释放，对煤体造成的破坏较小，瓦斯压力的降低幅度也较低。

4.2.3 压出煤体破裂形态

煤岩动力现象发生后，煤体破裂抛出，作用力的不同会影响煤体的破裂面，弹性能的释放会在煤体内形成主裂纹，而瓦斯内能会使煤体粉碎。图 4-6 所示为表 4-1 四组(2～5 组)试验煤体压出后的破裂形态。

由图 4-6 可以看出，瓦斯压力的升高对煤体的破裂状态具有显著影响。当瓦斯压力较低时，煤体的破裂主要是在应力作用下发生的，煤体破裂面较为齐

图 4-6　压出煤体破裂形态

(a) 2 组试验煤体；(b) 3 组试验煤体；(c) 4 组试验煤体；(d) 5 组试验煤体

整，如图 4-6(a)所示，表现为从煤体上剥离一层；瓦斯压力升高后，煤体的破裂程度逐渐增大，如图 4-6(b)、(c)所示，并且破碎块度由大向小发展，这是因为瓦斯压力越大，煤体强度越低，煤体越容易发生破裂，同时，瓦斯膨胀做功造成了煤体的破裂。瓦斯压力为 0.3 MPa、0.4 MPa、0.5 MPa 时，煤体并没有呈现出明显的分选性。发生煤与瓦斯突出时，煤体已经粉碎，较少的煤体保持了完整性。

由煤体的破裂规律可以看出，瓦斯压力的升高在煤体内积聚的瓦斯内能越多，煤体破裂程度越大，抛出的煤体越粉碎。

4.3　应力对煤与瓦斯压出的影响

煤与瓦斯压出发生演化过程中，应力的作用可以分为两个方面：一是压缩煤体骨架使得煤体积累弹性能；二是当应力超过煤体的强度极限时，造成煤体破裂，甚至失稳破坏。本书应用型煤和原煤进行试验分析应力对煤与瓦斯压出发生的影响。

4.3.1 煤与瓦斯压出规模

在制作型煤时，外界应力的大小和施加时间对于型煤成型后的强度特性具有重要的影响。如果在制作型煤时选用应力和诱导时施加的外界应力不同时，型煤就会出现二次加压成型的问题，对型煤试样的强度产生影响。表 4-2 为煤体成型条件和瓦斯条件不变的情况下，应力对于动力现象的影响。由表 4-2 可以看出，应力较低时发生为煤与瓦斯突出，随应力的升高向煤与瓦斯压出转变。当煤体强度较小时，应力的增大能够压缩煤体，阻止瓦斯向外解吸释放；同时应力的增加会进一步压缩型煤试样，提高试样的强度，从而降低煤与瓦斯压出的规模，其中后一种作用效果更显著。

表 4-2 应力对煤与瓦斯压出影响型煤试验

编号	煤样	瓦斯压力/MPa	模拟地应力/MPa	吸附时间/h	预装煤量/kg	灾害类型	涌出煤量/kg
1	X2	0.4	15	24	8	突出	1.10
2			20			压出	0.81
3			25			压出	0.75
4			30			压出	0.67

试验时选用了原煤试样进行分析(表 4-3)，从中可以看出应力对于煤与瓦斯压出的影响具有重要的作用。应力较小时，不会发生任何动力现象；随着应力的升高，发生了煤与瓦斯压出现象并且压出煤量逐渐增多，说明应力越高，煤与瓦斯压出的规模越大。

表 4-3 应力对煤与瓦斯压出影响原煤试验

编号	煤样	瓦斯压力/MPa	模拟地应力/MPa	吸附时间/h	预装煤量/kg	灾害类型	涌出煤量/kg
1	原煤(YR)	0.4	15	24	8.5	无	—
2			20			无	—
3			25			压出	0.2
4			30			压出	0.4
5			35			压出	0.53

图 4-7 为表 4-3 中 3、4、5 组试验压出口和残留孔洞煤体破裂形态，可以看出，随着应力的升高煤体越来越破碎，在煤体内形成的孔洞越来越大。当应力为 25 MPa 时，孔口处的煤体完整性较好，煤体内的残留孔洞较小，并且煤壁上残

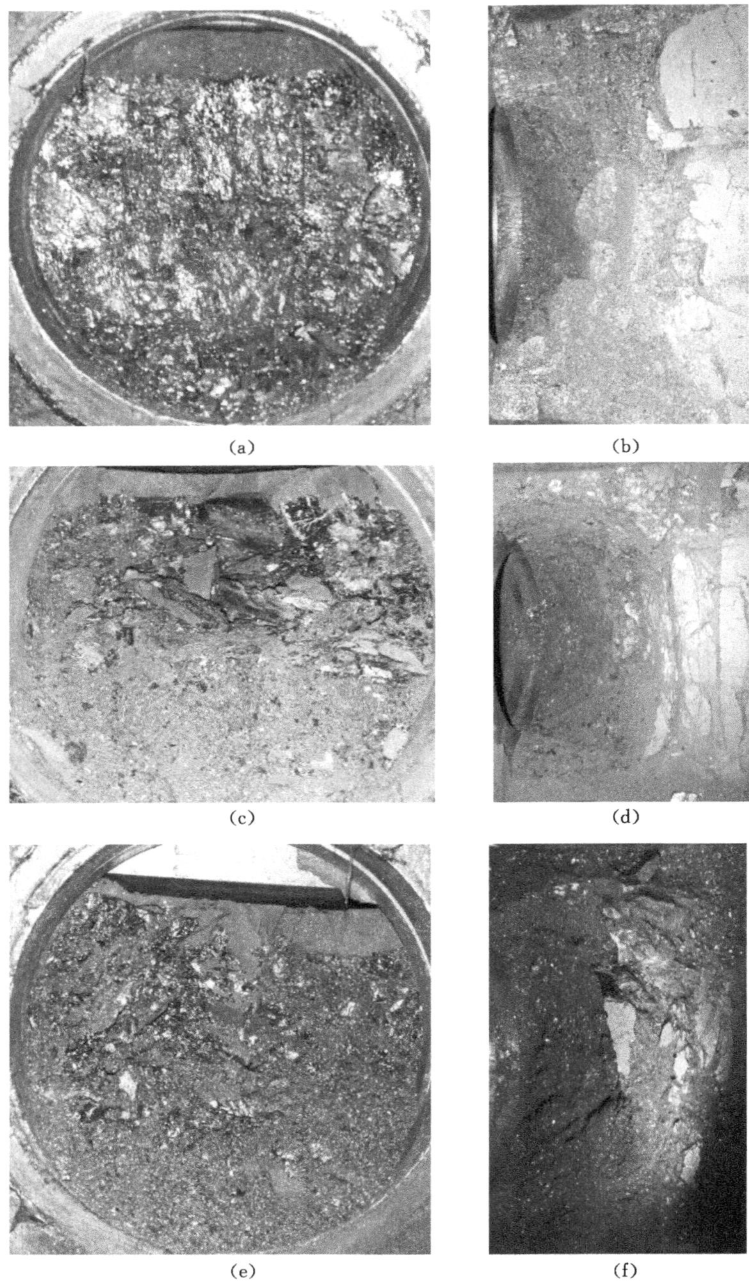

图 4-7　压出口和残留孔洞煤体破裂形态

(a) 3 组试验煤体压出口；(b) 3 组试验煤体残留孔洞；(c) 4 组试验煤体压出口；(d) 4 组试验煤体残留孔洞；(e) 5 组试验煤体压出口；(f) 5 组试验煤体残留孔洞

留的裂隙不明显；应力升高到 30 MPa 时，孔口处的煤体呈现出明显的破碎状，部分煤体已经粉碎，煤体内的孔洞较 25 MPa 大，煤壁上残留明显的裂隙，构成了以诱导口为中心的圆弧状；应力达到 35 MPa 时，煤体呈现出明显的粉碎化，腔体内的煤体同样也呈现粉化。

应力为 25 MPa 时，试验诱导口打开后，煤体呈现出比较明显的崩裂状，呈现出非常明显的弹性能释放现象；应力升高到 30 MPa 和 35 MPa 时，诱导口打开后，煤体崩裂四溅的现象较弱，表现为在应力作用下的压出，动力现象较弱。在高应力的作用下，内部煤体破碎，表现出更多的软化特性，消耗的能量较多，因此诱导口打开后动力现象较弱；而当应力较低时，煤体发生的破裂较少，当诱导口打开后表现出较明显的弹性能释放，引起煤体的破坏。

4.3.2 应力降幅

煤与瓦斯压出的发生过程中，应力的作用较为明显，煤体内部弹性能的释放伴随着应力的降低，应力降低幅度可以用来反映弹性能的释放。表 4-4 为表 4-3 中五组试验，诱导口打开后通过压力机载荷传感器监测到的应力降低幅度可以看出，应力为 15 MPa、20 MPa 时，应力分别降低 0.92% 和 1.16%，煤体没有被压出；应力升高到 25 MPa 时，应力降低 2.5%，煤体被少量压出；应力升高到30 MPa和 35 MPa 时，应力分别降低 29.33% 和 26.28%，可以看到应力降低幅度较前三组试验大，由此也可以判断随着应力的升高，应力释放越来越明显，所起作用越来越大。

表 4-4 煤与瓦斯压出发生前后应力降低幅度变化

试验编号	模拟地应力/MPa	应力降/MPa	应力降百分比/%
1	15	0.138	0.92
2	20	0.232	1.16
3	25	0.625	2.50
4	30	8.799	29.33
5	35	9.199	26.28

4.4 煤体性质对煤与瓦斯压出的影响

4.4.1 型煤强度对煤与瓦斯压出的影响

煤体在煤与瓦斯压出的发生过程中起到载体的作用。煤与瓦斯压出发生时，煤体先被破坏，之后在弹性能和瓦斯潜能的作用下被压出或者抛出。为研究煤体性质对煤与瓦斯压出的影响设计了如下试验，结果如表 4-5 所列。

表 4-5 煤体强度对煤与瓦斯压出的影响

编号	煤样	瓦斯压力/MPa	模拟地应力/MPa	吸附时间/h	预装煤量/kg	灾害类型	涌出煤量/kg
1	X1	0.4	15	24	8	突出	3.47
2	X2					突出	1.10
3	X3					压出	0.35
4	X4					无	—

由表 4-5 可以看出，随着煤体强度的升高，发生的动力现象由煤与瓦斯突出逐渐表现为煤与瓦斯压出，涌出的煤量越来越小，说明煤体抵抗外界作用力的能力越来越强。表 4-5 中 1、2、3 三组试验煤体的破坏形态如图 4-8 所示。

由以上三组试验最终形成的孔洞可以看出，在瓦斯压力和应力保持不变的情况下，煤体强度较低时，诱导口打开后形成突出，煤体的破裂程度较大，靠近诱导口处的煤体被破碎成碎块，较深处的煤体形成了一组层裂裂纹；当煤体强度升高后，形成的孔洞逐渐变小，深部的煤体能够观察到明显的裂隙；当煤体强度继续升高后，诱导口打开发生了压出，没有出现明显的抛出现象，形成的孔洞也是呈现出口大腔小的形状，煤体的破碎程度较小，在残余孔洞壁形成了一组层裂裂隙。综上可知，当煤体强度升高到一定程度后，发生动力现象的强度越小，越易于发生煤与瓦斯压出。

4.4.2 原煤压出试验特征

型煤是将原煤中的裂隙、孔隙破坏后重塑的煤样，孔隙特性和强度特性已经失去了原有的性质，选用原煤可以在最大限度保留煤体原有性质的条件下，试验分析不同条件下煤与瓦斯压出的发展演化规律。

本书所用煤样取自平煤二矿，将现场所取大块试样制作成与压出腔体同样大小。试验时在煤体与腔壁之间用煤粉进行填充，尽可能地保证腔壁对煤体的围压效果。

图 4-9 所示为原煤压出后孔口煤体破裂状态和煤体内残留的孔洞形状，其中图 4-9(a)、(b)试验瓦斯压力为 0.5 MPa，外界应力为 20 MPa，图 4-9(c)、(d)试验瓦斯压力为 0.4 MPa，外界应力为 25 MPa。由图 4-9(a)、(c)可以看出，孔口处的煤体破碎程度较小，残留了较大的块度，说明煤体在被压出过程中受到应力的揉搓挤压较小，保留了部分的原有裂隙裂纹；而在孔口煤体形成了较明显的纵向裂隙，图 4-9(a)中形成了两条，图 4-9(c)中形成了多条纵向裂纹，多数是沿着煤体内的原生裂隙延伸扩展。通过裂隙的分布可以得出，煤体内原生的裂隙对于煤体的破坏和压出的发生发展具有重要的影响。

由图 4-9(b)、(d)可以看出，煤体被压出后残留孔洞的形状与型煤相似，靠近孔洞处的煤体发生了层裂破坏，可以观察到明显的层裂裂纹。与型煤不同

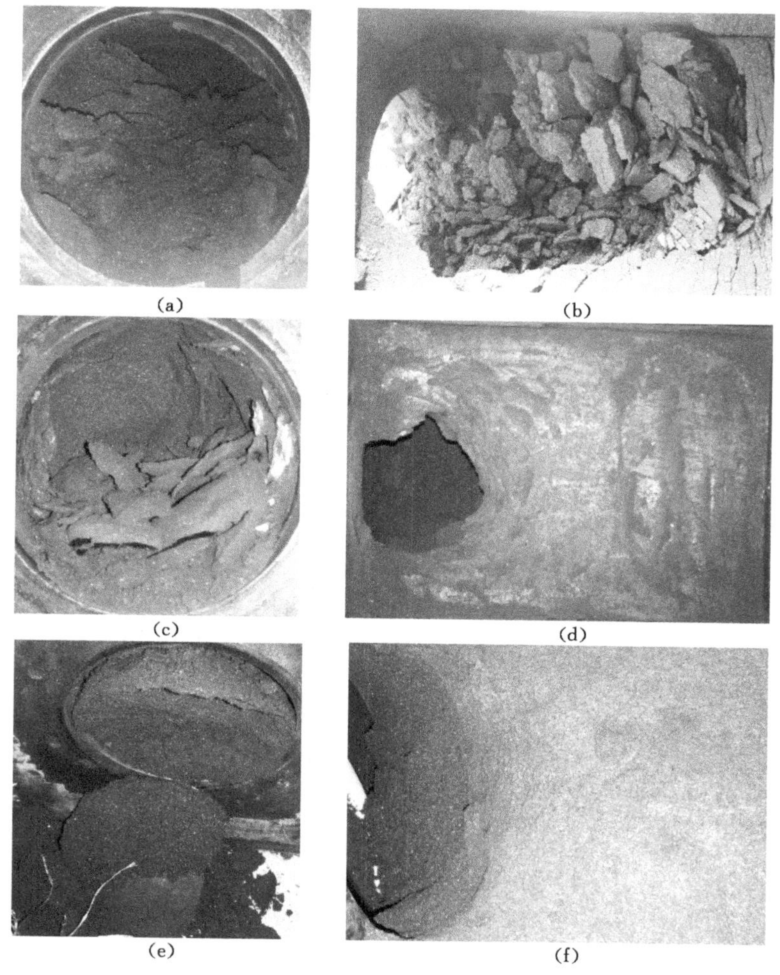

图 4-8　孔口煤体破裂形态和残留孔洞形状

(a) 1 组试验煤体破裂形态;(b) 1 组试验煤体残留孔洞形状;(c) 2 组试验煤体破裂形态;(d) 2 组试验煤体残留孔洞形状;(e) 3 组试验煤体破裂形态;(f) 3 组试验煤体残留孔洞形状

的是,裂隙并没有向煤体内部进一步扩展,这是因为原煤的强度较大,能够抵抗较大的作用力,阻止了裂纹向煤体内部的扩展。型煤进行试验时,诱导口打开后煤体是沿着新生裂隙破裂,并被剥落,其动力效应较小;而进行原煤试验时,诱导口打开后,靠近诱导口处的煤体突然失去围压,煤体内积聚的弹性能集中释放,造成煤体的破坏,试验时能够明显感觉到煤体崩裂而出的动力效应。

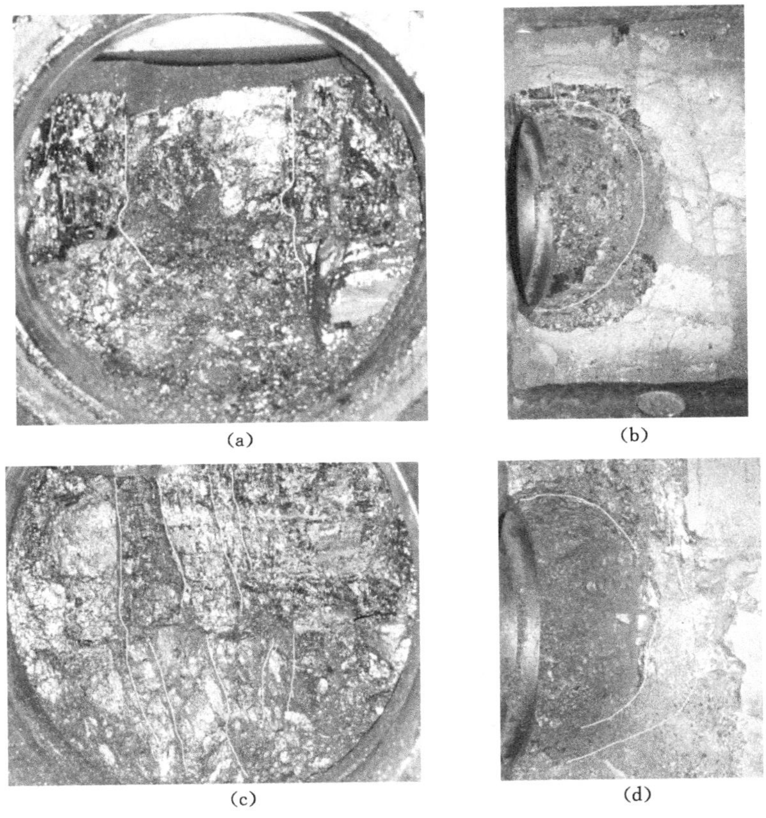

(a)　　(b)

(c)　　(d)

图 4-9　原煤破裂状态和残留孔洞形状

(a) 原煤破裂状态(试验瓦斯压力 0.5 MPa,外界应力 20 MPa);

(b) 残留孔洞形状(试验瓦斯压力 0.5 MPa,外界应力 20 MPa);

(c) 原煤破裂状态(试验瓦斯压力 0.4 MPa,外界应力 25 MPa);

(d) 残留孔洞形状(试验瓦斯压力 0.4 MPa,外界应力 25 MPa)

4.5　顶底板对煤体破坏的影响

煤与瓦斯压出的发生是具有一定承载能力的煤层在应力的作用下发生软化破裂的过程,煤层应力受顶底板条件影响非常明显,尤其是顶底板的岩性。顶底板岩石较为坚硬时,不易发生断裂垮落,易于形成较长的悬顶,一旦发生断裂垮落可能会引起煤层内应力出现大幅变化。因此,研究顶底板对于煤岩整体的破坏形式及力学性质的影响具有重要意义。

为了能够更加准确地观察顶底板对于煤岩整体破裂及力学参数的影响,采取了标准试样作为研究对象，并测试了煤岩整体中的煤体和岩石的变形规律。

4.5.1　试样制备

对煤矿采掘工作面而言，围岩发生失稳破裂前变形主要集中在煤体，组合试样中煤体尺寸越大对于观测变形越有利，但是顶底板岩石能够传递上部和下部载荷以及在破裂发生时向外释放能量，因此煤体所占比例不能无限大，最终组合试样选用尺寸及组合方式如图 4-10 所示。

试验所用岩石试样取自平煤二矿（PR）、新路煤矿（XR）、梁北煤矿（LR）、金黄庄矿（JR）和大安山煤矿（DR），煤样取平煤二矿（PC）。根据国家标准和国际岩石力学学会标准，将岩石加工为两种尺寸，即 ϕ50 mm×30 mm 和 ϕ50 mm×100 mm；煤样加工为两种尺寸，即 ϕ50 mm×40 mm 和 ϕ50 mm×100 mm。其中，ϕ50 mm×100 mm 标准试样用于测试煤岩样的力学性质，ϕ50 mm×30 mm 岩样和 ϕ50 mm×40 mm 煤样按照图 4-10 相互组合成组合试样。将组合试样分为 5 组，每组 3 个，如图 4-11 所示，组合试样组成及尺寸如表 4-6 所列。

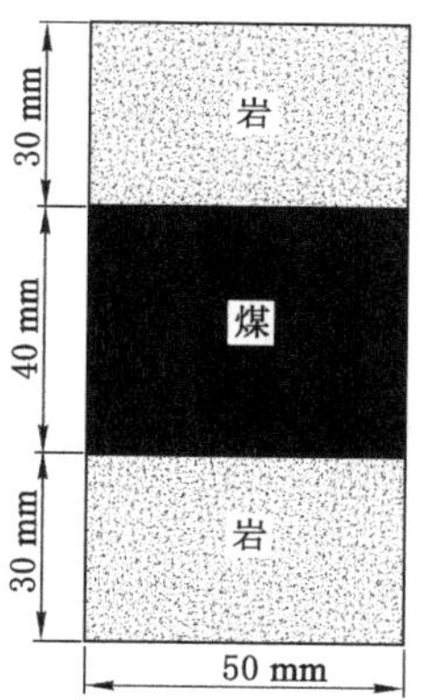

图 4-10　组合试样示意图

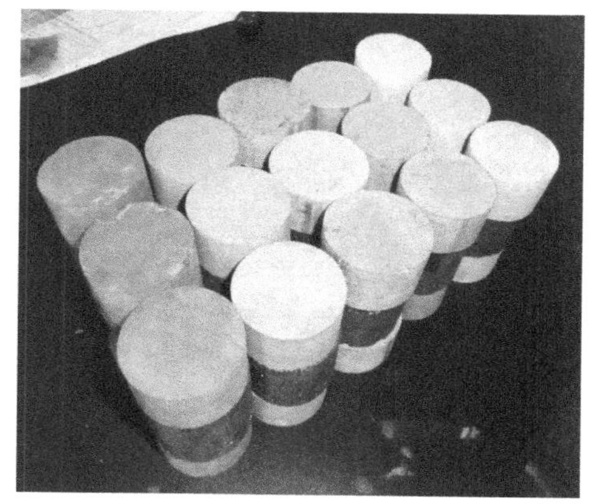

图 4-11　组合试样实物图

表 4-6　组合试样组成及尺寸

试样分组	试样编号	试样组成	试样尺寸（直径×高）
Ⅰ	1	PR-PC-PR	50.00 mm×99.90 mm
	2		50.20 mm×104.82 mm
	3		50.28 mm×101.00 mm
Ⅱ	4	XR-PC-XR	50.22 mm×100.80 mm
	5		50.06 mm×96.50 mm
	6		50.30 mm×94.62 mm

表 4-6(续)

试样分组	试样编号	试样组成	试样尺寸(直径×高)
Ⅲ	7	LR-PC-LR	49.86 mm×101.80 mm
	8		50.06 mm×99.88 mm
	9		50.20 mm×102.66 mm
Ⅳ	10	JR-PC-JR	50.04 mm×101.58 mm
	11		50.42 mm×93.64 mm
	12		50.06 mm×97.60 mm
Ⅴ	13	DR-PC-DR	50.00 mm×102.80 mm
	14		50.40 mm×105.42 mm
	15		50.40 mm×108.18 mm

4.5.2 试验系统及步骤

(1) 试验系统

试验系统分为加载系统和应变采集系统,如图 4-12 所示。

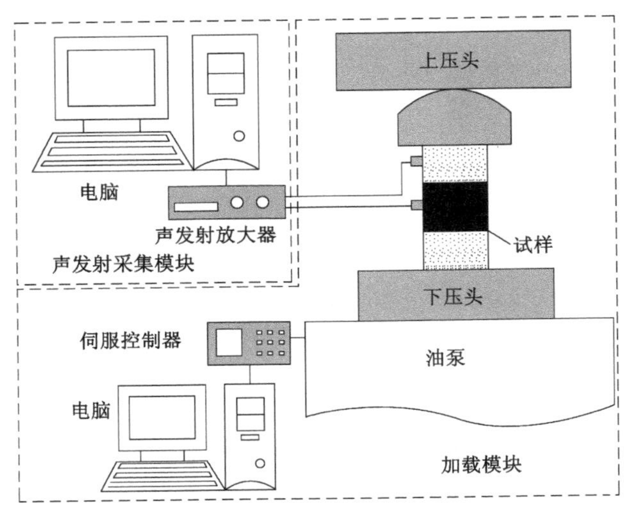

图 4-12 试验系统示意图

加载系统采用 YAW 型伺服压力机加载,压力机最大载荷 3 000 kN,加载速率精度±1%,可以采用载荷和位移两种控制方式。应变采集利用应变片感应试样变形,配合成都中科动态仪器有限公司研制开发的 DSG9803 动态应变放大器和 USB8516 数据采集仪进行采集,如图 4-13 所示。

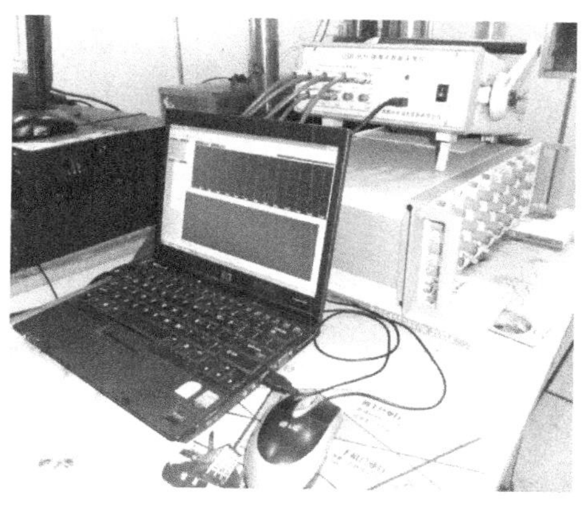

图 4-13 应变采集系统

4.5.3 试验结果

（1）应力应变曲线

通过对组合试样进行单轴压缩试验，得到了组合试样的应力应变曲线，如图 4-14 所示。从图中可以看出，组合试样的应力应变曲线位于岩石和煤体应力应变曲线之间，更加靠近煤体应力应变曲线。组合试样和煤体应力应变曲线存在显著的屈服阶段，而岩石受载屈服阶段不明显。单一煤样受载时，应力峰值过后试样发生了较大的变形最终失去了承载能力，而组合试样在峰值应力过后发生较小的变形即发生破裂，说明组合试样的破裂速度较单一煤样快。

不同的岩石强度使得组合试样从屈服点到峰值点这一阶段存在差异。岩石强度较低时，如图 4-14 中Ⅰ（岩石强度 38.66 MPa）、Ⅱ（岩石强度 57.86 MPa）两组试样，进入屈服阶段后发生了较大的应变才到达峰值应力，应力应变曲线伴随出现明显的非线性过程；岩石强度逐渐增加时，试样从屈服至峰值应力过程逐渐缩短，当岩石强度增加到 94.57 MPa 时，如图 4-14 中Ⅴ组试样所示，组合试样应力应变曲线中屈服至峰值应力阶段非常短，说明随着岩石强度的逐渐升高，组合试样从屈服到达峰值应力所产生的应变越来越小，也就是说，试样从内部开始产生破裂到试样达到其强度极限越来越快。

（2）破坏形态

图 4-15 为不同岩石强度的组合试样最终破裂形式，煤体破裂后的强度不足以支撑顶板岩石的重量，因此有些试样不能保证完整的破裂样式。由图 4-15 可以看出，组合试样中煤体的破裂较岩石更加彻底，破碎程度更高。组合试样破裂时，煤体下部呈现出锥形，说明煤体承受剪切应力并发生剪切破坏，可以推测，煤体在破裂前内部形成了“X”形剪切破裂带。剪切破裂面与煤体端面呈一定的角度 β，随着岩石强度的升高，β 越来越大。从第Ⅰ组试样煤体内可以观测到 3 条

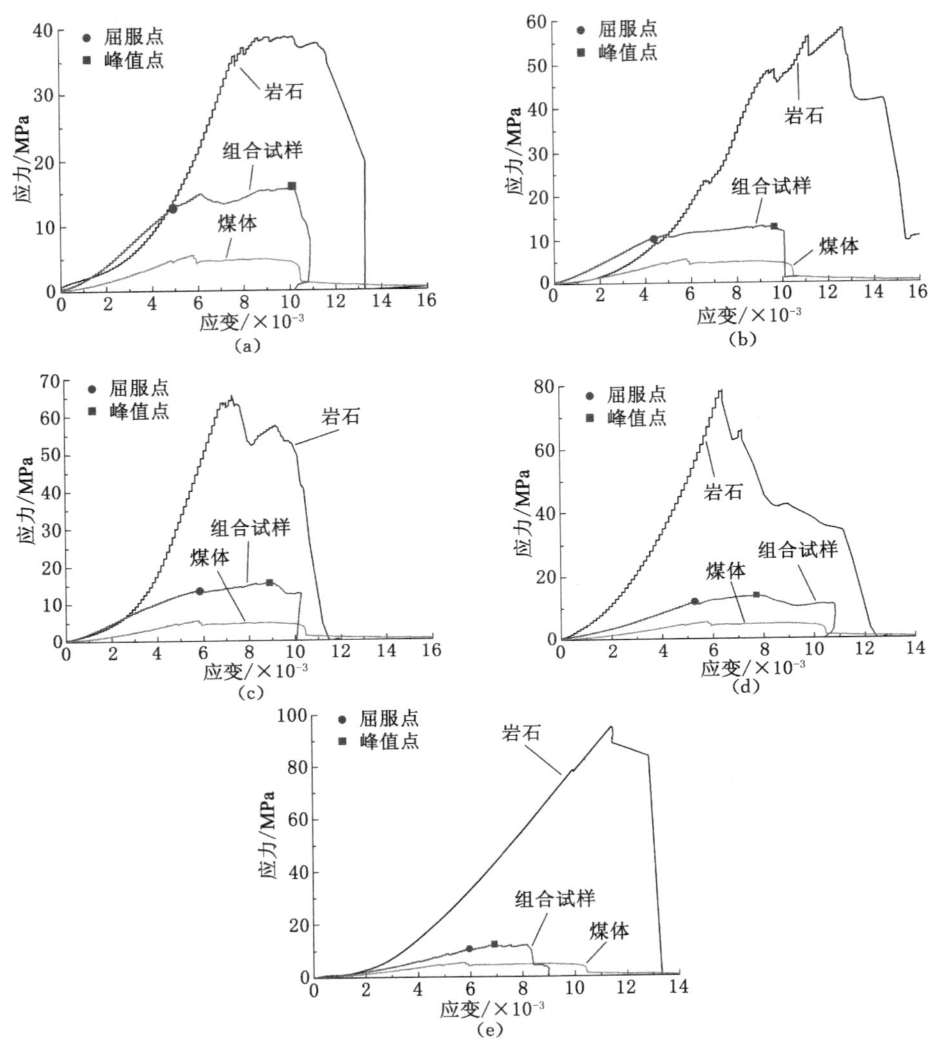

图 4-14 应力应变曲线

(a) 第Ⅰ组;(b) 第Ⅱ组;(c) 第Ⅲ组;(d) 第Ⅳ组;(e) 第Ⅴ组

竖直裂纹,第Ⅲ组煤体中部有1条竖直裂纹,说明煤体发生劈裂。由剪切破裂面和拉伸裂纹可以推测出,煤体最终破坏是以劈裂为主,在发生劈裂前以剪切摩擦破裂为主,如图4-15(f)所示。

第Ⅰ组和第Ⅱ组试样破裂时,煤体内的裂纹向顶板岩石内扩展,形成了如图4-16(a)、(b)所示的裂纹。由裂纹的破裂面可以看出,岩石被分为两部分,裂纹面较为齐整,表现为拉伸破裂。第Ⅲ组和第Ⅳ组两组试样中分别有一个试样

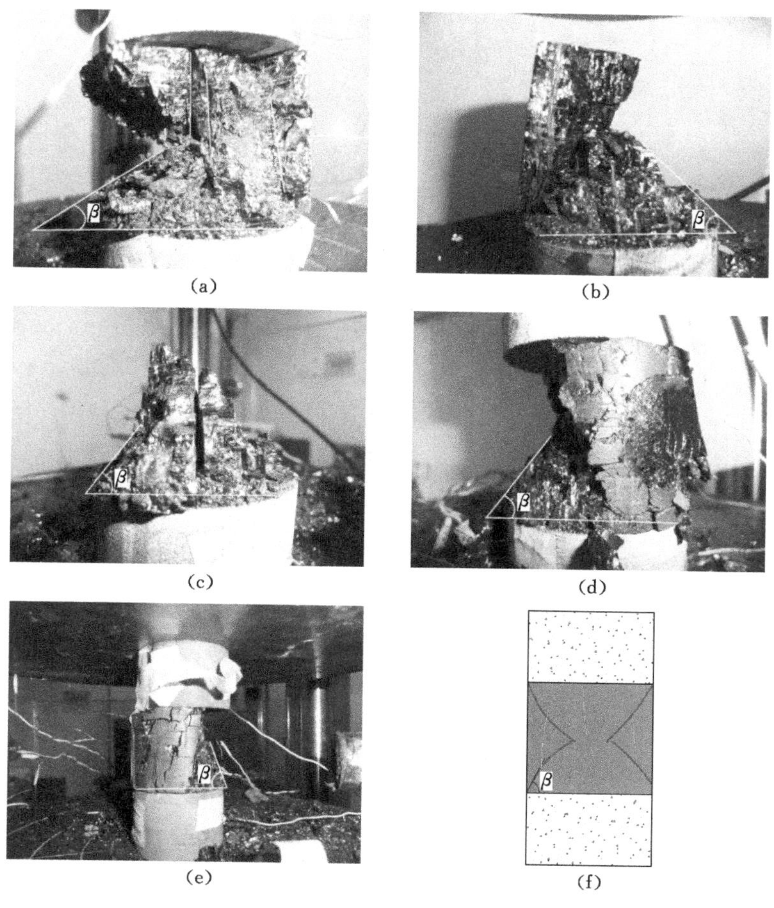

图 4-15　组合试样破裂形式

(a) 第Ⅰ组；(b) 第Ⅱ组；(c) 第Ⅲ组；(d) 第Ⅳ组；(e) 第Ⅴ组；(f) 煤体破裂示意图

岩石发生了破裂，如图 4-16(c)、(d)所示，可以看出对于岩石强度较大的试样而言，煤体破裂释放的能量较多时，同样会造成岩石的破裂。第Ⅴ组试样岩石没有发生破裂。

(3) 组合试样各部分应变变化规律

图 4-17 所示为组合试样加载过程中岩石和煤体的应变变化规律，可以看出，随载荷的增加煤体和岩石的应变逐渐增加，并且煤体的应变大于岩石的应变，说明组合试样受载过程中变形主要发生在煤体中。组合试样发生破裂时，煤体应变发生较大幅度的变化，同时岩石的变形也发生变化，但较煤体而言小很多。第Ⅰ组试样，岩石强度为 38.66 MPa 时，试样发生破裂之前，岩石和煤体的应变相差一倍左右，并且岩石和煤体的应变速率较接近。第Ⅱ组和第Ⅲ组试样，

图 4-16　岩石顶板破裂样式

(a) 第Ⅰ组;(b) 第Ⅱ组;(c) 第Ⅲ组;(d) 第Ⅳ组

岩石强度分别为 57.86 MPa、65.54 MPa 时,煤体和岩石的应变差异变大,煤体的应变速率大于岩石的应变速率。第Ⅳ组和第Ⅴ组试样,岩石强度为 83.21 MPa、94.57 MPa 时,如图 4-17(d)、(e)所示,煤体的应变远远超过岩石的应变,并且岩石的应变非常小,岩石的应变速率也远远小于煤体的应变速率。

4.5.4　强度及变形特征分析

(1) 组合试样强度特性

组合试样受载变形时可以简化为图 4-18 所示受力图[194-195],在组合试样破裂前加载过程可以看作静态或准静态加载,因此存在以下的力学等式:

$$\sigma_r = \sigma_c = \sigma_f = \sigma = p/A \tag{4-1}$$

式中,σ_r、σ_c、σ_f、σ 分别为顶板、煤体、底板、组合试样的应力,p 为外界施加载荷,A 为组合试样横截面积。在准静态加载过程中,组合试样中岩石和煤体应力相等。当外界载荷达到煤体的单轴抗压强度时,煤体发生破裂,组合试样失去承载能力,因此煤体强度决定组合试样的单轴抗压强度。图 4-19 所示为五组组合试样峰值强度对比,五组组合试样的强度最大值相差 0.64 MPa,强度最小值相差 1.78 MPa,平均强度最大值和最小值相差 1.67 MPa,考虑到试样具有一定的离散性可以认为试样强度近似相等。综合而言,在载荷加载速率相等的情况下,组

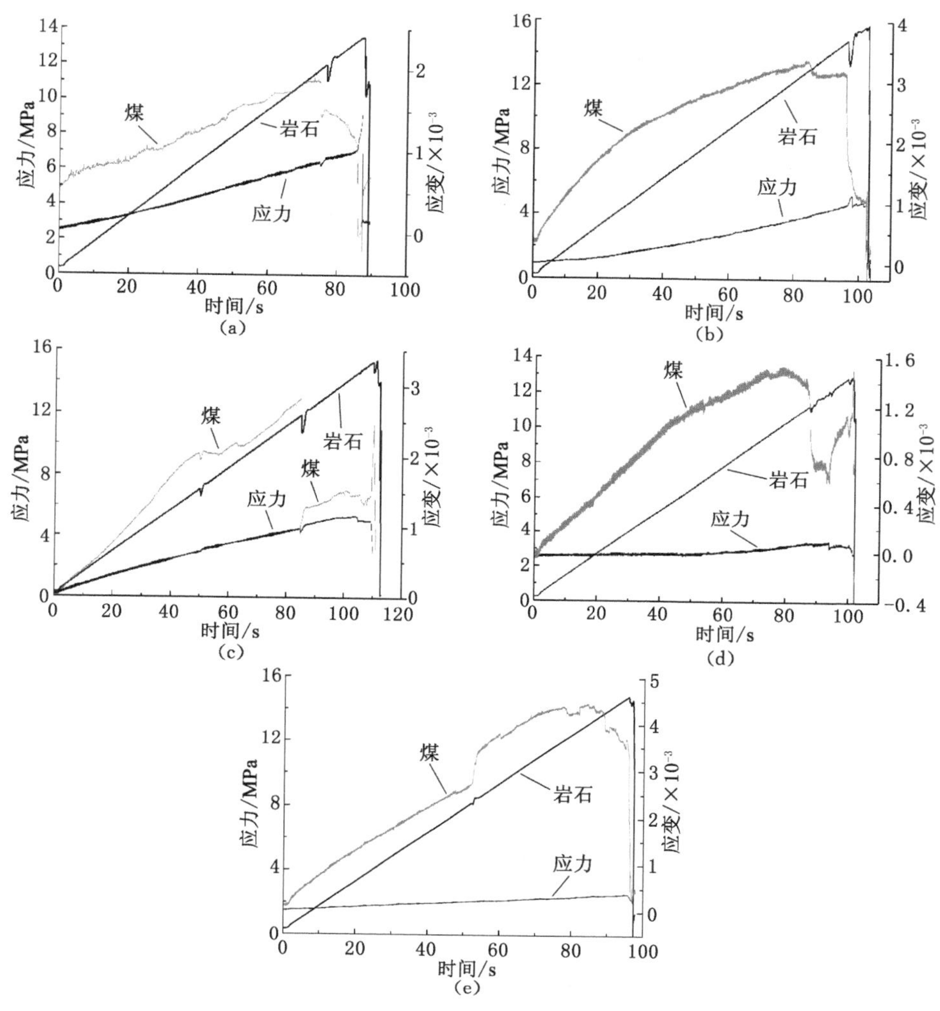

图 4-17　组合试样应变变化规律

(a) 第Ⅰ组;(b) 第Ⅱ组;(c) 第Ⅲ组;(d) 第Ⅳ组;(e) 第Ⅴ组

合试样的强度相差不大。

对比组合试样和单一煤体强度可以看出,组合试样的强度相较煤体而言升高许多,在前人的研究中得到了验证[196]。在研究试样高径比对单轴抗压强度的影响时发现:当试样高径比小于 2 时,试样的单轴抗压强度升高[197]。组合试样中单轴抗压强度的煤体的高径比仅为 0.8,相较于高径比为 2 的标准试样而言,强度必然有所升高。为了进行对比,测试了 ϕ50 mm×40 mm 纯煤试样的单轴抗压强度,如图 4-20 所示。可以看出,ϕ50 mm×40 mm 煤样单轴抗压强度较

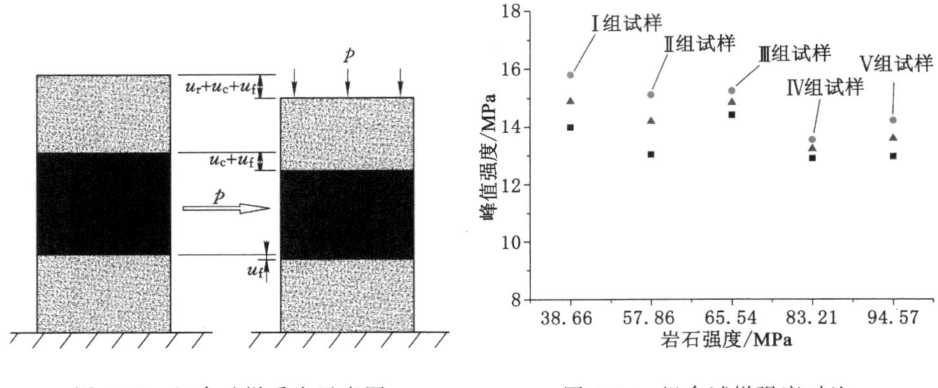

图 4-18　组合试样受力示意图　　　　图 4-19　组合试样强度对比

标准试样大幅升高，与组合试样的抗压强度相差不多，并且岩石夹持作用产生的端部效应对于试样的抗压强度影响不大[198-199]，因此可以判断组合试样的强度升高是由于其中煤体高径比降低造成。

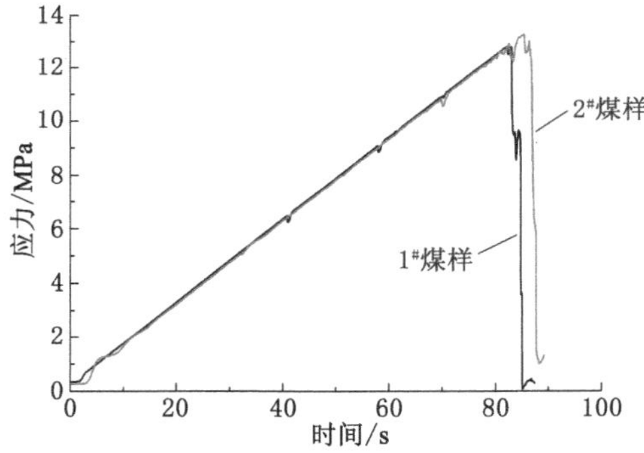

图 4-20　ϕ50 mm×40 mm 单一煤样应力曲线

由图 4-18 可知，组合试样的变形可表示为：

$$u_r + u_c + u_f = u \tag{4-2}$$

式中，u_r、u_c、u_f、u 分别为顶板岩石、煤体、底板岩石、组合试样的变形。

组合试样的刚度可表示为：

$$\lambda = \frac{p}{u} = \frac{p}{u_r + u_c + u_f} = \frac{p}{\dfrac{p}{\lambda_r} + \dfrac{p}{\lambda_c} + \dfrac{p}{\lambda_f}} = \frac{\lambda_r \lambda_c \lambda_f}{\lambda_r \lambda_c + \lambda_r \lambda_f + \lambda_c \lambda_f} \tag{4-3}$$

式中，λ 为组合试样的刚度，λ_r、λ_c、λ_f 分别为顶板、煤体、底板的刚度。由刚度和弹性模量的关系式可以得到：

$$E = \lambda h / A \tag{4-4}$$

式中,E 为组合试样的弹性模量,h 为试样高度,A 为试样的横截面积。假设顶底板岩性和尺寸相同,组合试样的弹性模量为:

$$E=\frac{E_rE_cA}{E_rh_c+E_ch_r}\cdot\frac{h}{A}=\frac{h}{h_c+2h_rE_c/E_r}E_c \tag{4-5}$$

式中,E_r、E_c 分别为岩石和煤体的弹性模量,h_r、h_c 分别为岩石和煤体的高度。由上式可以看出,组合试样的弹性模量与岩石、煤体的弹性模量和高度相关,当岩石、煤体的高度相等时,只与弹性模量有关。

根据对岩石和煤体的力学性质测试,可以得到表 4-7 所列的煤岩单体的弹性模量。根据式(4-5)和组合试样试验结果可分别得到组合试样的弹性模量,如图 4-21 所示。通过式(4-5)计算得到的弹性模量大于试验得到的弹性模量,但是两者的变化规律一致。岩石和煤体会相互影响,岩石和煤体的压密阶段、弹性阶段不是完全同步,因此计算结果略大于试验结果。

表 4-7 岩石弹性模量计算结果

实验编号	E/GPa	平均值/GPa	实验编号	E/GPa	平均值/GPa
Ⅰ-R-1	8.53	6.37	Ⅳ-R-1	21.74	17.85
Ⅰ-R-2	5.79		Ⅳ-R-2	18.02	
Ⅰ-R-3	4.79		Ⅳ-R-3	13.79	
Ⅱ-R-1	10.41	10.80	Ⅴ-R-1	16.56	18.51
Ⅱ-R-2	11.20		Ⅴ-R-2	23.16	
Ⅱ-R-3	10.78		Ⅴ-R-3	15.81	
Ⅲ-R-1	11.54	11.84	Coal-1	1.57	1.77
Ⅲ-R-2	11.06		Coal-2	1.16	
Ⅲ-R-3	12.93		Coal-3	2.57	

弹性模量反映煤体应力和应变之间的关系,在外界应力相同的情况下,弹性模量较大,应变较小;反之亦然。虽然峰值应力前试样会发生塑性变形,但是塑性变形可以看作试样弹性变形的后续发展,不同的是塑性阶段组合试样的弹性模量处于不断变化的过程,因此弹性模量对组合试样整体变形的影响最终反映在试样峰值应变的变化上。五组组合试样的峰值应变变化规律如图 4-21 所示,五组组合试样的峰值应变随弹性模量的升高而降低。

由式(4-1)可得:

$$E_r\varepsilon_r=E_c\varepsilon_c \tag{4-6}$$

那么:

$$\frac{\varepsilon_c}{\varepsilon_r}=\frac{E_r}{E_c} \tag{4-7}$$

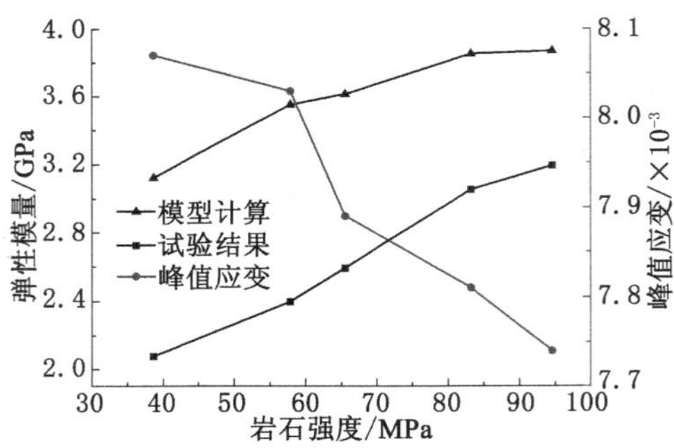

图 4-21　弹性模量和峰值应变变化

由五组组合试样的应变测试结果可以得到煤体和岩石弹性变形，根据试验测得煤岩试样的应变比值和按照弹性模量计算煤岩应变比值如图 4-22 所示，可以看出，随岩石强度的增加，煤体和岩石的应变比值表现出线性增加的趋势。根据式(4-7)得出的煤体和岩石比值同样呈线性升高与试验结果相似，因此煤岩体变形差异的本质是弹性模量之间的不同。

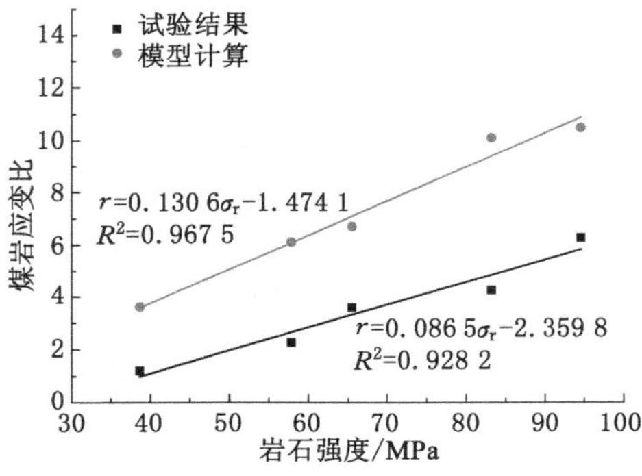

图 4-22　应变变化规律

4.5.5　破裂特征分析

(1) 破裂形式分析

从煤岩交界面上取一个单元体，如图 4-23 所示，上部为岩石单元，下部为煤体单元，可以得出两者在水平方向的应变[200]：

$$\varepsilon_{2r} = \varepsilon_{3r} = \upsilon_r \frac{\sigma_r}{E_r} \tag{4-8}$$

$$\varepsilon_{2c} = \varepsilon_{3c} = \upsilon_c \frac{\sigma_c}{E_c} \tag{4-9}$$

式中，ε_{2r}、ε_{2c} 分别为岩石、煤体在水平方向的应变，υ_r、υ_c 分别为岩石和煤体的泊

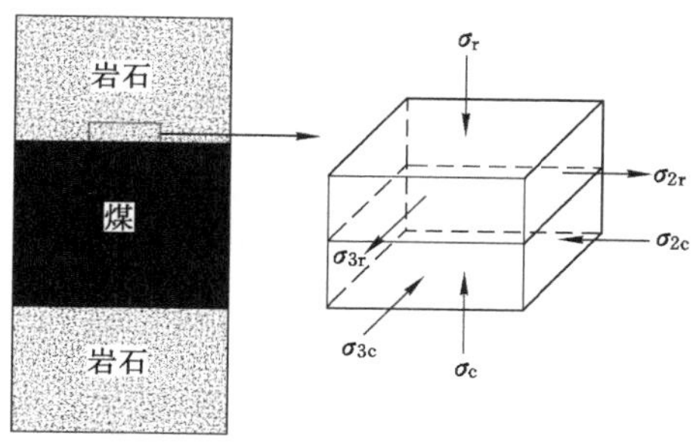

图 4-23 煤岩交界面单元示意图

松比，σ_r、σ_c 分别为岩石、煤体承受的轴向应力，E_r、E_c 分别为岩石、煤体的弹性模量。

岩石与煤体的泊松比和弹性模量满足：

$$\upsilon_r < \upsilon_c, E_c < E_r$$

单轴压缩条件下，$\sigma_r = \sigma_c$，可以得出：

$$\varepsilon_{2r} < \varepsilon_{2c}$$

由此可以看出，岩石和煤体之间应变不同，两者交界面上必然存在约束两者变形的摩擦力。两者之间的摩擦力可表示为：

$$\sigma_{2r} = f_{rc} \cdot \sigma_r \tag{4-10}$$

式中，f_{rc} 为煤岩界面间的摩擦系数。

由莫尔-库仑准则可得单元体的强度条件[200]：

$$\sigma_1 = \frac{1+\sin\varphi}{1-\sin\varphi}\sigma_3 + R_c \tag{4-11}$$

式中，σ_1、σ_3 分别为单元体轴向和水平方向的极限主应力，φ 为单元体内摩擦角，R_3 为单元体的单轴抗压强度。当单元体不承受界面间的摩擦力时，即环向应力为 0 时，

$$\sigma_1 = R_c$$

由图 4-25 可以得出：

$$\sigma_1 = \sigma_r, \sigma_3 = -\sigma_{2r}$$

靠近煤岩交界面的岩石单元强度为：

$$\sigma_{rc} = \frac{R_{rc}}{1+\frac{1+\sin\varphi}{1-\sin\varphi}f_{rc}} \tag{4-12}$$

同理可得，煤体单元的单轴抗压强度：

$$\sigma_{cc} = \frac{R_{cc}}{1-\frac{1+\sin\varphi}{1-\sin\varphi}f_{rc}} \tag{4-13}$$

由式(4-12)和式(4-13)可以看出,在煤岩交界面处,岩石的单轴抗压强度小于该区域外的岩石抗压强度,而煤体的单轴抗压强度大于该区域外的煤体抗压强度。

单轴压缩条件下,组合煤岩受力状态可以用图 4-24 表示,靠近交界面的区域内,煤体内形成压应力,岩石内形成拉应力,两者大小相等方向相反,在交界面上应力达到最大 σ_{2r},往煤岩体中部发展逐渐降低并最终消失。在端部效应影响区域内的煤体单元处于三轴受压状态,煤体不易发生破裂;靠近中部的煤体仍然处于单轴受力状态,受压时中部区域产生径向拉伸应力,煤体易于发生拉伸破裂,因此煤体在破裂后会在煤体内形成“X”形或“沙漏”形裂纹。

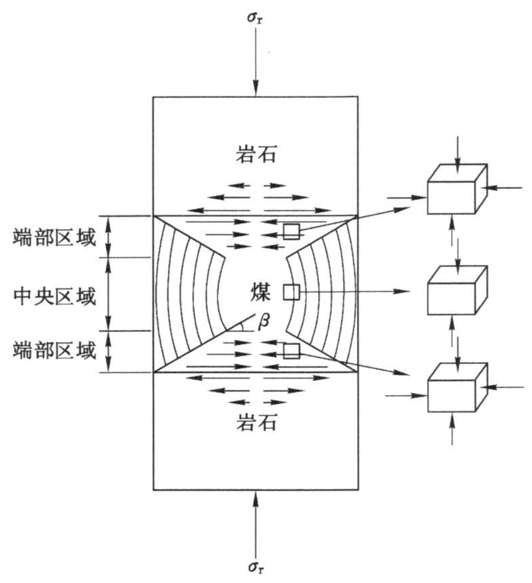

图 4-24　组合煤岩应力分布

通常而言,岩石强度越大,弹性模量和泊松比越大,组合煤岩试样中岩石和煤体之间的相对变形越大,使两者之间的摩擦力越大,煤体内受端部效应影响的区域越大,从而使得煤体内剪切破裂面与水平端面之间的夹角 β 越大。

载荷达到煤体的峰值强度后,在端部影响区外的煤体内裂纹扩展贯通,形成平行于轴向应力的裂纹,消耗并释放大量能量,此时裂纹会向两端扩展并传向岩石,岩石强度较低时会发生破裂,在试验中这一现象得到了验证,如图 4-16 所示。

4.6 本章小结

本章通过试验模拟分析了煤与瓦斯压出过程中应力、瓦斯压力及煤体破裂规律,并研究了外界应力、初始瓦斯压力、煤体力学性质及顶底板性质对煤与瓦斯压出过程的影响，得到了以下主要结论：

(1) 研究分析了煤与瓦斯压出过程中应力、瓦斯压力的变化规律及煤体的破裂状态。结果表明煤与瓦斯压出的发生发展是一个应力不断向深部转移的过程，压出向煤体内部发展时应力先升高后降低，同时造成了煤体的破坏；瓦斯压力的释放缓慢，并且表现出明显的顺序性，更多的是沿着煤体破裂形成的通道向外放散；煤体能够明显观察到层裂破坏，并且煤体抛出距离较小，有时不会抛出。

(2) 煤与瓦斯压出发生后，涌出的煤量随着瓦斯压力的升高而增多，在应力和煤体性质不变的条件下，瓦斯压力存在突变点，使得煤与瓦斯压出会转变为煤与瓦斯突出；瓦斯压力越大，煤体内残留孔洞越大，瓦斯压力的释放速度越来越快，瓦斯参与程度越来越明显，并且煤体的破碎程度越来越高。

(3) 应力越大，压出的煤量越多，煤体破碎程度越高，在煤体内残留的孔洞越大，并且孔洞壁上观察到明显的层裂裂纹；应力较小时，诱导压出后，煤体会呈现明显的崩裂，表现出明显的弹性能释放。随着外界应力的升高，煤与瓦斯压出发生后煤体内弹性能释放程度逐渐增大。

(4) 在同等的应力和瓦斯压力条件下，随着煤体强度的升高，发生的现象由煤与瓦斯突出转变为煤与瓦斯压出，并且压出形成的孔洞越来越小；采用原煤进行试验时，发现煤体内会形成纵向的多条裂纹，多数是沿着煤体内的原生裂隙扩展延伸，煤体内形成的孔洞壁面较为齐整。

(5) 顶底板条件对煤岩整体破坏存在明显的影响，岩石强度较低时，煤体内裂纹会向岩石内扩展，在端部效应作用下煤体内形成“X”形的剪切破裂面，随岩石强度的升高，剪切破裂面与端面之间的夹角逐渐增大。组合试样的应力应变曲线位于岩石和煤体之间，与煤体更加接近，并且和单一煤样的应力应变曲线都存在明显的非线性阶段；岩石强度增加会明显缩短煤岩体从屈服点至峰值应力的过程。组合试样的强度取决于煤体强度，岩石强度的影响不明显。顶板强度越大组合试样的峰值应变越小，煤体和岩石之间的应变和应变率相差越大，导致组合试样的变形规律不同的本质是弹性模量不同；组合煤样的弹性模量是由其中的岩石和煤体的弹性模量和尺寸决定的。

5 煤与瓦斯压出影响因素数值模拟分析

煤矿的实际生产中，采掘工作面应力、瓦斯和煤体破裂状态处于动态变化的过程，并且现场煤层地质条件复杂多变，因此掌握多种条件下煤层参数的变化过程，对于分析煤层发生动力现象的危险性具有重要意义。通过试验研究得知，压出发生与应力、瓦斯压力和煤体力学性质密切相关。本书通过数值模拟软件分析煤层不同赋存条件、瓦斯压力状态下，在工作面回采过程中应力、瓦斯压力和煤体力学性质的变化，并分析煤层发生压出的危险性。

5.1 模型建立

5.1.1 软件介绍

多物理场耦合模拟软件 COMSOL Multiphysics(原 FEMLAB)正是基于偏微分方程的专业有限元分析软件，该软件可将建立的多物理场耦合数学模型转化为一个统一的偏微分方程组，在人机交互的环境下，实现流-固耦合数值求解，一次解出渗流场、应力场和变形场，给出更接近真实物理过程的数值解答，避免松散耦合法求解多场耦合问题带来的误差[51]。COMSOL 针对不同的研究领域内置了大量的模型，主要有结构力学模块、热传导模块、AC/DC 模块、RF 模块、地球科学模块、声学模块、化学工程模块、微电机模块等[201]。

5.1.2 控制方程

煤与瓦斯压出过程中的流-固耦合作用是一个复杂的问题，涉及固体力学、流体力学等多个学科，为了使问题简化，做出如下假设[201]：

(1) 含瓦斯煤层及顶底板是各向同性弹塑性材料；

(2) 在煤层受到采掘扰动前，瓦斯处于饱和吸附状态；

(3) 煤层瓦斯含量符合朗缪尔方程；

(4) 瓦斯在煤层内的流动符合达西(Darcy)定律；

(5) 含瓦斯煤岩发生的弹塑性变形为小变形。

基于以上假设可以得到，瓦斯在煤层中的流动满足达西渗流[98]：

$$u = \frac{k}{\mu} \nabla p \tag{5-1}$$

式中，u 为瓦斯渗流速度，k 为煤层渗透率，μ 为瓦斯动力黏度，∇p 为压力梯度。同时，瓦斯在煤层中的流动满足质量守恒定律，即[202]：

$$\frac{\partial}{\partial t}(\rho\phi) + \nabla(\rho \cdot u) = Q_m \tag{5-2}$$

式中，ρ 为流体密度，ϕ 为孔隙率，Q_m 为单元中流量变化量。

煤层内的孔隙率与其承受的应力之间的关系可表示为[203]：

$$\phi = \phi_0 \exp(\sigma / K_t) \tag{5-3}$$

式中，ϕ 为煤层孔隙率，ϕ_0 为煤层初始孔隙率，σ 为煤层承受应力，K_t 为煤体的刚度矩阵。煤层渗透率和孔隙率之间满足立方定律，即[203]：

$$k = k_0 \left(\frac{\phi}{\phi_0}\right)^3 \tag{5-4}$$

式中，k_0 为煤层初始渗透率。含瓦斯煤流-固耦合条件下，其煤体骨架承受的应力可以表示为[204]：

$$\sigma' = \sigma - \alpha p \delta_{ij} \tag{5-5}$$

式中，α 是比奥特(Biot)系数，是煤体骨架所受的有效体积应力和瓦斯孔隙压力的函数，取值范围是 0～1；δ_{ij} 为克罗内克尔(Kroneker)符号，在矩阵对角线上 δ_{ij} 取 1，其他位置取 0。有效应力方程建立了有效应力、总应力和孔隙流体压力之间的关系式，简化了孔隙流体对煤层骨架相互作用关系。煤体受力平衡方程可表示为：

$$\sigma'_{ij,j} + f_i = 0 \tag{5-6}$$

式中，f_i 为煤体单元的体积力。将有效应力方程代入上式可得：

$$\sigma'_{ij,j} - (\alpha p \delta_{ij})_j + f_i = 0 \tag{5-7}$$

煤体的屈服破裂准则选取德鲁克-普拉格(D-P)准则，配合莫尔-库仑准则[205]：

$$F = \sqrt{J_2} + \alpha_{DP} I_1 - k_{DP} \tag{5-8}$$

式中，I_1 为第一应力不变量，J_2 为第二应力不变量，α_{DP} 和 k_{DP} 是由内聚力 C 和内摩擦角 φ 共同定义：

$$\alpha_{DP} = \frac{\sin\varphi}{\sqrt{3}\sqrt{3+\sin^2\varphi}} \tag{5-9}$$

$$k_{DP} = \frac{3C\cos\varphi}{\sqrt{3}\sqrt{3+\sin^2\varphi}} \tag{5-10}$$

煤岩体的应力应变关系选用 COMSOL 内固体力学场计算，瓦斯在煤体内的流动选择达西流场计算，瓦斯对煤体的力学作用通过固体力学场内的体积力施加，煤体的屈服准则采用 D-P 准则，匹配莫尔-库仑准则进行计算，解算过程用稳态求解。

5.1.3 模型参数

以平煤二矿庚$_{20}$-21050 工作面实际地质条件为原型，工作面综合柱状图如图 5-1 所示。假设工作面在推进过程中，沿走向每个截面上煤层物理性质、瓦斯参数和应力分布相同，可以将模型简化为 2D 平面模型，从而降低解算工作量，煤体力学变形选取平面应变模型。

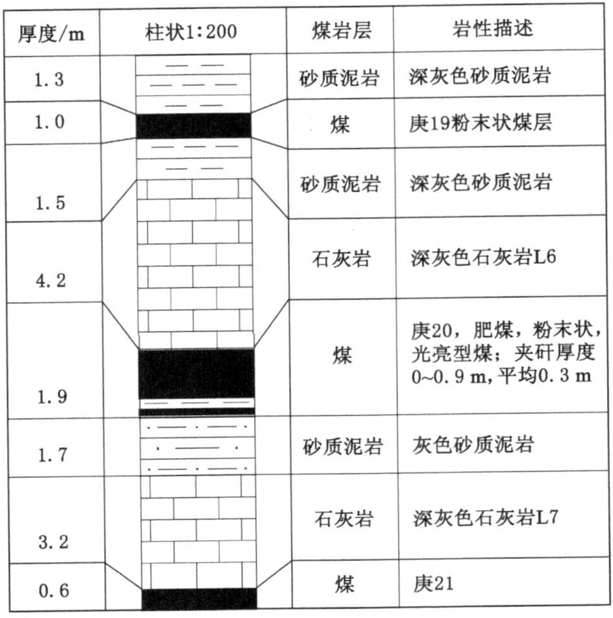

厚度/m	柱状1:200	煤岩层	岩性描述
1.3		砂质泥岩	深灰色砂质泥岩
1.0		煤	庚19粉末状煤层
1.5		砂质泥岩	深灰色砂质泥岩
4.2		石灰岩	深灰色石灰岩L6
1.9		煤	庚20，肥煤，粉末状，光亮型煤；夹矸厚度0~0.9 m，平均0.3 m
1.7		砂质泥岩	灰色砂质泥岩
3.2		石灰岩	深灰色石灰岩L7
0.6		煤	庚21

图 5-1　庚$_{20}$-21050 工作面综合柱状图

模型尺寸及边界条件示意如图 5-2 所示，模型水平方向长 50 m，顶板厚度为 4 m，底板厚度为 3 m，煤层厚度为 2 m。底端固定约束，左右两侧固定水平位移，上端面施加等于上覆岩层重力的应力。瓦斯仅在煤层中流动，左侧边界瓦斯压力等于大气压力，除去计算瓦斯压力对煤层压出的影响时，煤层中初始瓦斯压力与右侧边界瓦斯压力都为 0.6 MPa，模型选用的初始物理参数如表 5-1 所列。在模拟过程中，设计两步回采工序，首先在模型上施加要求的边界条件和初始参数，计算达到平衡，然后实施第一步回采，如图 5-2 中煤层 1 的部分，计算至平衡，继续回采第 2 部分煤体，计算平衡。

煤层压出过程主要是观察应力、瓦斯和煤体力学性质的变化，本书选取煤层应力、瓦斯压力和塑性变形区三个参数观察煤体的状态变化。参数选用煤层中部轴线作为基准分析煤体状态的变化，如图 5-2 中灰色直线所示。

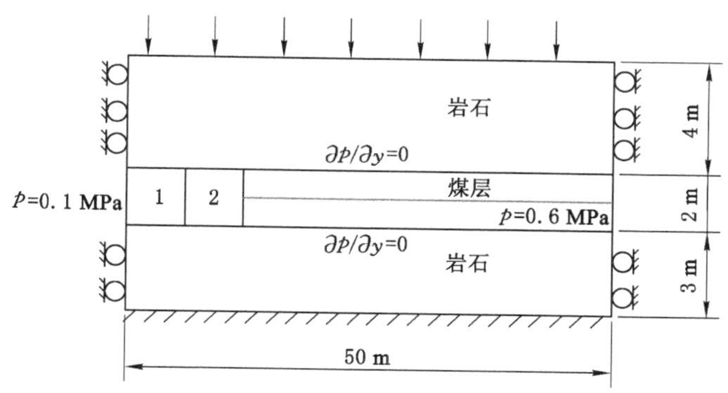

图 5-2 模型尺寸及边界示意图

表 5-1 模型基本参数

参数	数值
岩石弹性模量(E_r)/GPa	20
岩石泊松比(υ_r)	0.25
岩石密度(ρ_r)/(kg/m^3)	2 500
岩石内聚力(C)/MPa	20
岩石内摩擦角(φ_r)/(°)	40
煤体弹性模量(E_c)/GPa	30
煤泊松比(υ_c)	0.3
煤密度(ρ_c)/(kg/m^3)	1 300
煤层初始孔隙率(ϕ_0)	0.080 4
煤层初始渗透率(k_0)/($\times 10^{-17}$ m^2)	2.5
煤体内聚力(C)/MPa	2.5
煤体内摩擦角(φ_c)/(°)	28
瓦斯动力黏度系数/($\times 10^{-5}$ Pa·s)	1.84
瓦斯密度(ρ_g)/(kg/m^3)	0.717
初始瓦斯压力(p)/MPa	0.6
工作面气压(p_0)/MPa	0.1

5.2 埋藏深度对煤与瓦斯压出影响

埋藏深度关系上覆岩层施加在煤层上的作用力,因此通过控制上边界施加的外界载荷模拟不同埋藏深度对煤与瓦斯压出的影响。模拟中选用了 5 个埋藏深度400 m、600 m、800 m、1 000 m、1 200 m，研究不同埋藏深度下，煤层内应力瓦斯参数的变化情况，其他参数选用表 5-1 所列参数。

图 5-3(a)提取了不同埋藏深度下，煤层中部轴线上应力分布规律。由应力分布规律可以看出，埋藏深度为 400 m、600 m、800 m、1 000 m、1 200 m 时，煤层应力集中值依次为 18.88 MPa、27.28 MPa、36.65 MPa、44.55 MPa、54.86 MPa，应力峰值位置依次为 2.57 m、3.68 m、4.47 m、5.58 m、5.76 m，可以看出，随埋藏深度的增加，应力逐渐升高，工作面前方应力集中区随着埋藏深度的增加而增大，并且应力集中峰值逐渐向煤层深部转移。当埋藏深度为 1 200 m 时，工作面前方应力梯度达到 9.52 MPa/m，随埋藏深度逐渐减小，应力梯度也随之减小。应力梯度越大，煤体发生破坏的可能性越大。

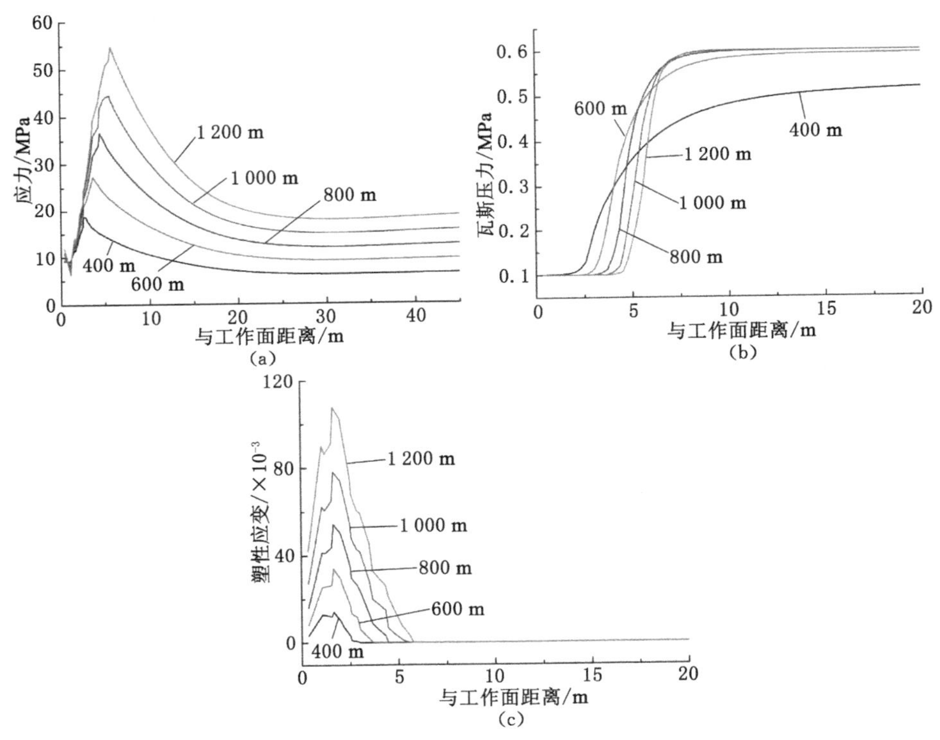

图 5-3　埋藏深度对应力、瓦斯压力、煤体塑性区的影响

(a) 煤层应力分布规律；(b) 瓦斯压力分布规律；(c) 煤体塑性应变

图 5-3(b)提取了不同埋藏深度下，煤层中部轴线上瓦斯压力分布规律，为了能够更加清晰地观察瓦斯压力的分布及变化规律，将工作面前方距离取 20 m。由图 5-3(b)可以看出，在工作面前方一定区域内瓦斯卸压带，埋深为 400 m、600 m、800 m、1 000 m、1 200 m 时，瓦斯卸压带依次为 1.5 m、2.5 m、

3.0 m、3.6 m、4.1 m。煤层埋藏深度越大，工作面前方破碎区越大，瓦斯卸压带越宽。进入应力集中区后，瓦斯压力迅速升高，形成了较大的瓦斯压力梯度，埋深为 400 m、600 m 时，瓦斯压力的分布整体比较平缓，因为此时应力较小，煤层的透气性系数较大，能够保证瓦斯在煤层内的自由流动，因此煤层内瓦斯分布较为均衡；埋深为 800 m 时，应力对于煤层透气性的影响较大，从卸压区到达应力集中区，形成了较大的瓦斯压力梯度，而应力集中区深部的瓦斯受扰动较小，分布状态基本没有改变；埋深增加到 1 000 m、1 200 m 时，瓦斯压力的分布规律与 800 m 相似。随着埋藏深度的增加，工作面前方瓦斯排放带越来越小，形成的瓦斯压力梯度越来越大，每次回采进尺时，危险性加大。

图 5-3(c)提取了不同埋藏深度下，煤层中部轴线上塑性应变的分布规律，为了能够更加清晰地观察塑性应变的分布及变化规律，将工作面前方距离取 20 m。工作面前方塑性变形区内，煤体都发生了不同程度的破裂。图 5-3(c)所示的靠近工作面区域的煤体塑性应变较小，这是因为在计算过程中该区域上部煤体破碎煤层卸压，应力向内部转移，造成了煤层中部的煤体没有发生破裂，但在实际的回采过程中该区域的煤层发生破裂，因此应当将其看作破坏煤体。由图 5-3(c)可以看到，煤层埋深不同时，工作面前方塑性变形区也不相同，煤层埋深为 400 m 时塑性变形区为 2.5 m 左右；煤层埋深为 600 m、800 m、1 000 m、1 200 m 时，工作面前方塑性变形区依次为 3.6 m、4.5 m、5.5 m、5.7 m，可以看出，随着煤层埋深的增大，工作面前方塑性变形区也不断增大，与应力和瓦斯分布规律相吻合。塑性应变随着煤层埋深的增加而增大，说明煤体的破裂程度越高。

综上所述，工作面的埋深对煤层应力、瓦斯和煤体破碎区域具有明显的影响，埋藏深度越大，工作面前方应力峰值和应力梯度越大，虽然瓦斯排放带和煤体破碎带越来越大，但是瓦斯压力梯度越来越大，由此可以得出，发生煤与瓦斯压出的危险性越来越高。

5.3 煤层参数对煤与瓦斯压出影响

煤层参数能够显著影响应力和瓦斯压力的分布及变化规律，并且煤体是煤与瓦斯压出发生的载体，能够积聚能量，破裂时也会消耗能量，其性质对于煤与瓦斯压出的发生至关重要，本节研究煤层厚度和煤体强度对应力、瓦斯压力及煤体塑性变形区的影响。

5.3.1 煤层厚度

前人的研究表明[206]，煤层厚度会对应力分布变化规律产生明显的影响，应力分布规律的变化会影响到煤体破裂规律，进而影响煤层瓦斯压力的分布。

图 5-4(a)为不同煤层厚度对回采过程中应力分布规律的影响,取工作面前方 30 m 为观察对象。由图 5-4(a)可以看出,煤层厚度会对工作面前方应力大小及分布规律产生明显的影响。煤层厚度为 1 m 时,工作面前方应力集中峰值为 40.33 MPa,距工作面 1 m,在工作面前方极短的距离内形成了较大的应力梯度;煤层厚度为 2 m、3 m、4 m、5 m 时,工作面前方煤层应力集中峰值分别为 36.65 MPa、34.02 MPa、33.79 MPa、32.54 MPa,应力峰值距工作面依次为 1.83 m、2.91 m、3.75 m、4.75 m。煤层厚度越大,应力集中程度越小,应力峰值距工作面距离越远。煤层厚度越小,顶底板对煤层的夹持作用越大,煤体越不易发生变形破坏,从而导致煤层应力较大;煤层厚度越大,顶底板对煤体的夹持作用越小,越易于发生变形破坏,应力更加易于发生转移并降低。

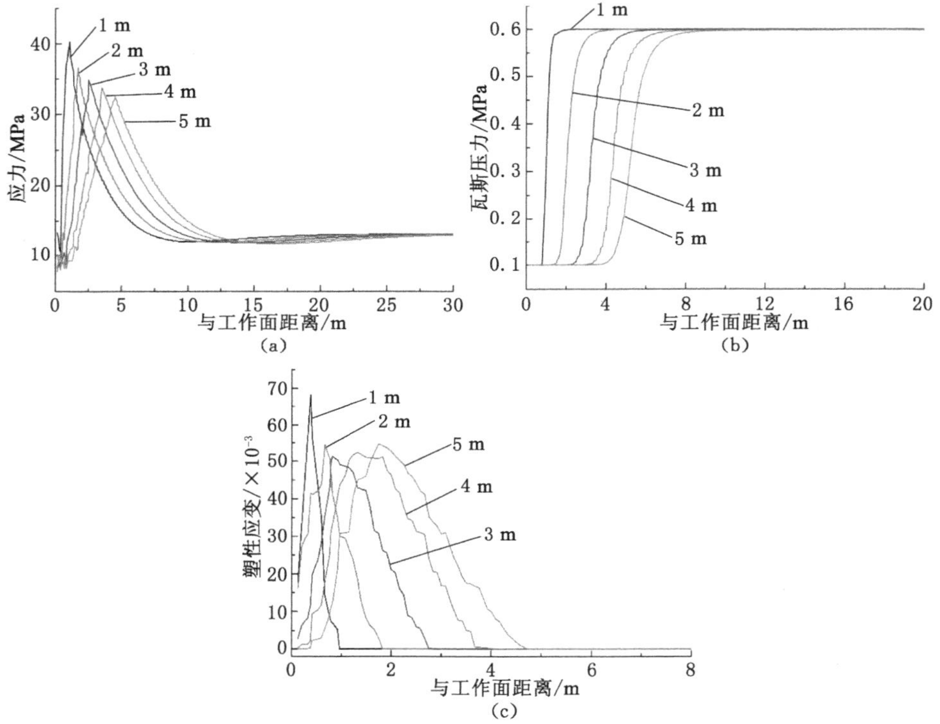

图 5-4 煤层厚度对应力、瓦斯压力及煤体塑性变形区的影响

(a) 煤层应力变化;(b) 瓦斯压力变化;(c) 塑性应变变化

图 5-4(b)为煤层瓦斯压力分布及变化规律。煤层厚度的变化对瓦斯压力的分布规律影响显著。由图 5-4(b)可以看出,煤层厚度为 1 m 时,工作面前方瓦斯卸压带 0.8 m,并且在 1.5 m 的范围内瓦斯压力达到原始瓦斯压力,形成了非常大的压力梯度。煤层厚度为 2 m、3 m、4 m、5 m 时,工作面前方瓦斯卸压带

依次为 1. 3 m、2. 2 m、3. 1 m、3. 8 m。原始瓦斯压力到工作面距离依次为 4. 5 m、6. 1 m、7. 6 m、10 m，形成的瓦斯压力梯度随煤层厚度的增大逐渐减小，降低了煤体发生破坏的可能性。煤层瓦斯压力的变化是由于应力压缩煤体骨架，降低煤层透气性所致。

图 5-4(c)为不同煤层厚度条件下，工作面前方塑性变形区的分布。由图 5-4(c)可以看出，煤层厚度越大，工作面前方的塑性破坏区越大。煤层厚度为1 m、2 m、3 m、4 m、5 m 时，工作面前方塑性变形区依次为 1 m、1. 9 m、2. 8 m、3. 8 m、4. 7 m，因此形成的应力梯度和瓦斯梯度都较小。煤层厚度为1 m 时的塑性应变值大于煤层厚度为 2 m、3 m、4 m、5 m 时的塑性应变值，这是因为煤层厚度越小，煤层应力越大，煤体变形破坏越严重。

5. 3. 2 煤体强度

图 5-5(a)为煤体强度对煤层内应力分布及变化规律的影响，煤体的强度通过内聚力的改变来调整，共采用了 5 个内聚力值(2 MPa、2. 5 MPa、3 MPa、3. 5 MPa、4 MPa)。为了便于观察，取工作面前方 30 m 范围内应力分布。由

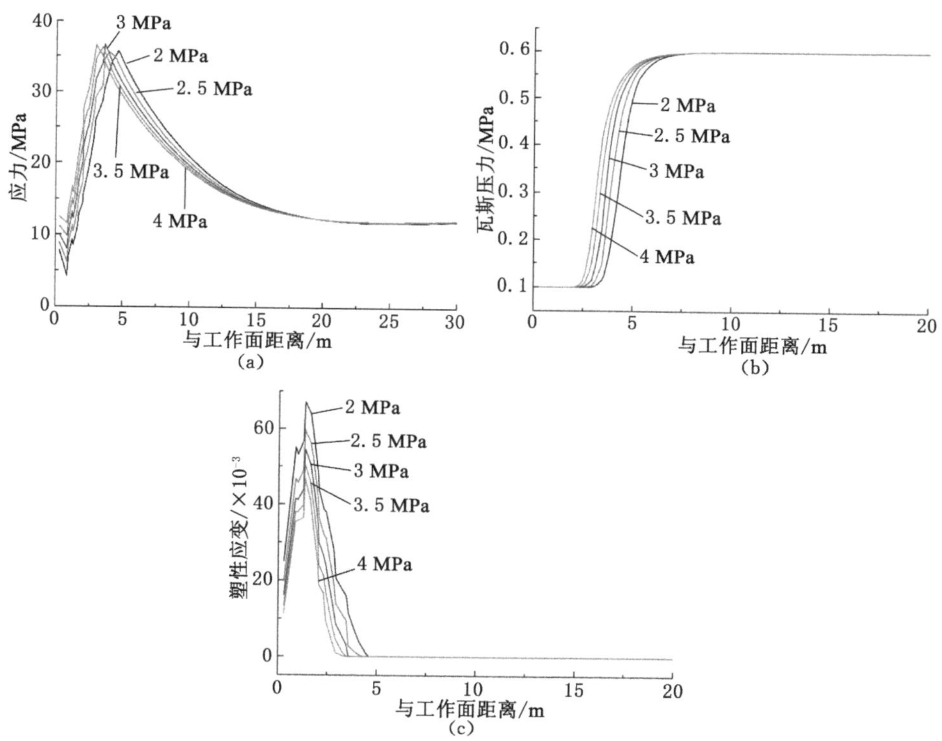

图 5-5 煤体强度对应力、瓦斯压力及煤体塑性变形区的影响

(a) 煤层应力变化；(b) 瓦斯压力变化；(c) 塑性应变变化

图 5-5(a)可以看出,内聚力为 2 MPa、2.5 MPa、3 MPa、3.5 MPa、4 MPa 时,煤层内的应力峰值依次为 35.72 MPa、35.51 MPa、36.65 MPa、36.28 MPa、36.56 MPa,应力峰值变化不大,这是因为上覆岩层的岩性和埋深相等,使得煤层内的应力相差不大。应力峰值在工作面前方的位置依次为 4.61 m、3.93 m、3.58 m、3.46 m、2.94 m,逐渐靠近工作面,这是因为煤体内聚力提高,煤体不易发生破裂。

图 5-5(b)为不同煤体强度下瓦斯压力变化规律,为了便于观测取工作面前方 20 m 范围内瓦斯压力的变化规律。由图 5-5(b)可以看出,煤体强度的变化影响工作面前方的瓦斯压力梯度,煤体强度为 2 MPa 时,工作面前方瓦斯卸压带为3 m,煤体强度逐渐升高,瓦斯卸压带逐渐缩短,依次降低至 2.6 m、2.43 m、2.1 m、2.1 m,这为深部瓦斯提供的缓冲带逐渐缩短。煤体强度为 2 MPa 时,工作面前方 5 m 范围内瓦斯压力从大气压力升高至原始瓦斯压力,随煤体强度的升高,瓦斯压力从大气压力升高至原始瓦斯压力的距离依次为 4.4 m、4 m、3.7 m、3 m,形成的瓦斯压力梯度越来越大,对煤体的作用也越来越大。虽然煤体强度越来越大,但抵抗瓦斯压力的能力也越来越强,因此危险性不一定变得更大。

图 5-5(c)为不同煤体强度下塑性应变变化规律,为了便于观测取工作面前方 20 m 范围内塑性变形区的变化规律。煤体强度较低时,工作面前方塑性变形区较大,发生的塑性应变也较大。当煤体强度为 2 MPa 时,工作面前方塑性变形区为 4.6 m,随着煤体强度的升高,塑性变形区逐渐缩小为 4.4 m、3.9 m、3.5 m、3 m,而且塑性应变值逐渐降低。

综上所述,煤层厚度越大,工作面前方应力峰值、瓦斯压力梯度越小,煤体塑性变形区越大,使得高应力和高瓦斯区与采掘空间的距离越大,降低了发生压出的危险性。煤体强度越大,工作面前方应力梯度、瓦斯压力梯度越大,煤体塑性变形区和塑性应变越小,应力峰值变化不大,此时高应力区和高瓦斯区距离工作面较近,但煤体强度的增大能够增强抵抗外界应力的能力,从而降低发生压出的危险性。虽然降低了发生压出的危险性,但煤体仍有可能会发生脆性破坏。

5.4 瓦斯压力对煤与瓦斯压出影响

为了能够明显地观测瓦斯压力对煤层应力的影响,选用了 5 个相差较多的瓦斯压力,分别为 0.5 MPa、1 MPa、1.5 MPa、2 MPa、2.5 MPa。图 5-6(a)所示为不同瓦斯压力条件下,煤层应力变化示意图,可以看出,瓦斯压力的变化会影响煤层的应力分布及变化规律。瓦斯压力从小到大,工作面前方应力峰值依次为 9.75 MPa、9.65 MPa、9.58 MPa、9.24 MPa、8.9 MPa,应力峰值距工作面距离为 3.99 m、3.82 m、4.12 m、4.52 m、4.86 m。随着瓦斯压力的升高，煤层应力峰值逐渐降低，应力峰值距工作面距离逐渐增大。煤层内游离瓦斯会对煤体骨架产生膨胀作用，抵消部分外界作用力，降低了煤体骨架承担的应力；同时，吸附瓦斯会降低煤体的强度，瓦斯的吸附量越多，强度降低越明显，煤体越易于发生破裂，因此应力峰值距工作面的距离越来越大，使得工作面前方的应力梯度降低。

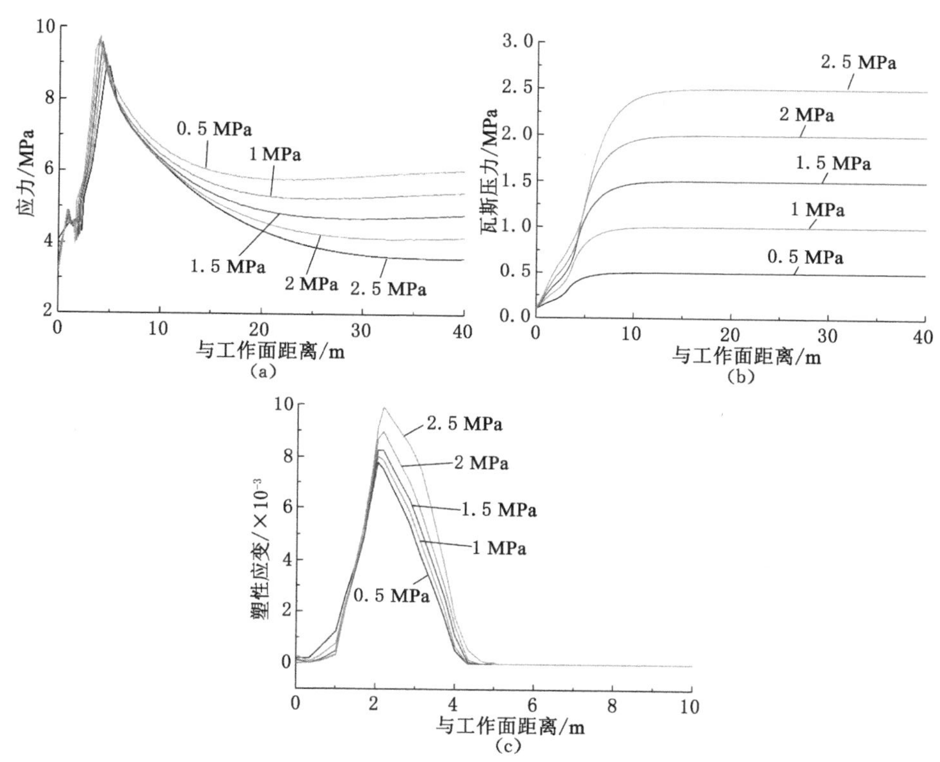

图 5-6　瓦斯压力对煤层应力及瓦斯压力、煤体塑性变形区的影响

(a) 煤层应力变化；(b) 瓦斯压力变化；(c) 塑性应变变化

图 5-6(b)所示为工作面前方瓦斯压力的分布及变化规律，可以看出，工作面前方瓦斯压力梯度和卸压带宽度随瓦斯压力的升高不断增大。煤层瓦斯的流动与瓦斯压力梯度密切相关，当瓦斯压力梯度较大时，瓦斯能够克服较大的阻力流动，因此瓦斯压力较大时，使得工作面前方的瓦斯卸压带较宽。虽然工作面前方瓦斯卸压带变宽，但是瓦斯压力仍然在较短的距离内恢复至原始瓦斯压力，形成了较大的瓦斯压力梯度。

图 5-6(c)所示为工作面前方塑性变形区变化规律，在计算过程中，由于临近

工作面区域上部的煤体破碎，应力向深部转移，所以使得中部的煤体没有发生破坏，但是在实际的生产过程中，临近工作面区域的煤体破碎最严重，因此该区域应当作为破碎区。由图 5-6(c)可以看出，瓦斯压力升高时，工作面前方的塑性变形区逐渐扩大，并且煤体发生的塑性应变值也逐渐升高。煤体吸附了大量的瓦斯后，强度较低，吸附瓦斯量越多，强度降低越大，煤体越容易发生破裂，从而使得塑性变形区和塑性应变值随瓦斯压力的升高而不断升高。

综上所述，瓦斯压力的变化会对煤层应力和工作面前方塑性变形区产生较明显的影响。随着瓦斯压力的增大，工作面前方应力峰值降低，瓦斯压力梯度升高，塑性变形区增大，高应力区远离工作面，高瓦斯区更加靠近工作面，此时煤与瓦斯压出现象发生的可能性降低，但是煤与瓦斯突出现象发生的可能性升高。

5.5 本章小结

本章以煤矿现场地质模型为背景，利用 COMSOL 多物理场耦合模拟软件，基于达西渗流场和固体力学场，分析研究了埋藏深度、顶底板条件、煤层性质和瓦斯压力对于煤层应力、瓦斯分布及煤体破裂状态及压出危险性的影响，得到了如下结论：

(1) 随埋藏深度的增大，工作面发生煤与瓦斯压出的危险性越来越大。随埋藏深度的增大，工作面应力峰值及其与采掘空间的距离越来越大，瓦斯排放带宽度逐渐减小，工作面前方瓦斯压力梯度越来越大，塑性变形区和塑性应变量越来越大。

(2) 随煤层厚度和煤体强度的增加，工作面发生煤与瓦斯压出的危险性降低。煤层厚度越大工作面应力峰值越小，应力峰值与工作面距离越大，形成的应力梯度越小，瓦斯卸压带和瓦斯排放带越大，塑性变形区越大。随煤体强度的升高，工作面前方应力峰值距工作面越来越近，形成的应力梯度越来越大，瓦斯卸压带和瓦斯排放带越小，形成的瓦斯梯度越来越大，而对应力峰值影响不明显；随煤体强度的升高，塑性变形区和塑性应变值越来越小。

(3) 随瓦斯压力的升高，工作面发生煤与瓦斯压出的危险性越来越大。瓦斯压力越大，煤层应力越小，应力峰值距工作面距离越小；瓦斯排放带的宽度随瓦斯压力的升高逐渐增大，形成的瓦斯压力梯度越来越大；工作面前方塑性变形区随瓦斯压力的升高逐渐增大，并且塑性应变值越来越大。

6　煤与瓦斯压出演化过程及机理

煤与瓦斯压出是一个力学作用过程，从靠近采掘空间的煤体被压出至深部煤体发生层裂破坏，都涉及应力的转移、集中及释放，同时瓦斯压力伴随着煤体的破坏同步向采掘空间涌出。煤体的压出在时间上不断发生着变化，同时在空间上也不断发生着变化，从压出的发动到后续的发展煤体都经历着不同的力学作用，导致煤体表现为不同的破裂形态。本章首先分析了工作面正常回采过程中，应力、瓦斯压力和煤体破裂状态的变化规律，建立了煤与瓦斯压出的发动及发展模型，揭示了煤体压出的动力演化过程。

6.1　煤与瓦斯压出全过程分析

在煤体失稳抛出前，应力和瓦斯受采掘扰动发生了较长时间的变化，并且对煤体造成了一定程度的破坏，进而影响了煤与瓦斯压出的发生演化过程。本部分研究了煤体受到采掘扰动时内部应力和瓦斯的变化规律，对煤与瓦斯压出的发生演化过程进行了划分，选取了适当的采掘区域作为煤与瓦斯压出的研究对象。

6.1.1　采掘过程中煤层应力瓦斯演化过程

煤层受到采掘扰动后，围岩内应力必然出现重新分布，靠近采掘空间的煤岩体径向应力为零，可近似看作单向受力状态；随着向煤层内部发展，煤岩体逐渐变为三向受力状态，如图 6-1 所示。煤岩体受力状态的变化对煤体的破裂状态产生显著影响，靠近采掘空间的煤体在单向受力条件下，自身发生劈裂破坏，如图 6-2 所示；向煤层内部发展，煤层逐渐变为三向受力状态，煤体呈现多重剪切破坏；继续向煤层内发展时，煤层所受三向围压相差不大，煤层内部存在较多的剪切裂纹，如图 6-2 所示。

伴随着煤体的破裂，采煤工作面前方会形成图 6-3 所示的 A、B、C 三个区。A 区内的煤体在高应力作用下发生屈服破坏基本失去承载能力，形成了卸压区，以残余强度为内部煤体提供径向载荷。在 A 区内煤体提供的径向支撑力作用下，B 区内煤体强度升高，承载能力较强，应力最大，形成应力集中区。C 区应力逐渐降低恢复原岩应力为原始应力区。

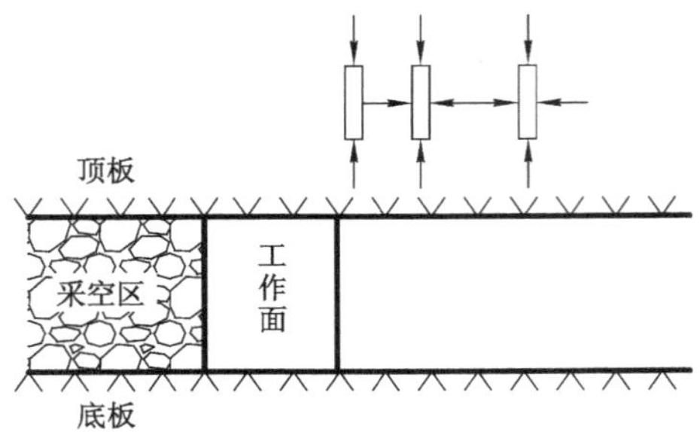

图 6-1　煤体受力状态示意图

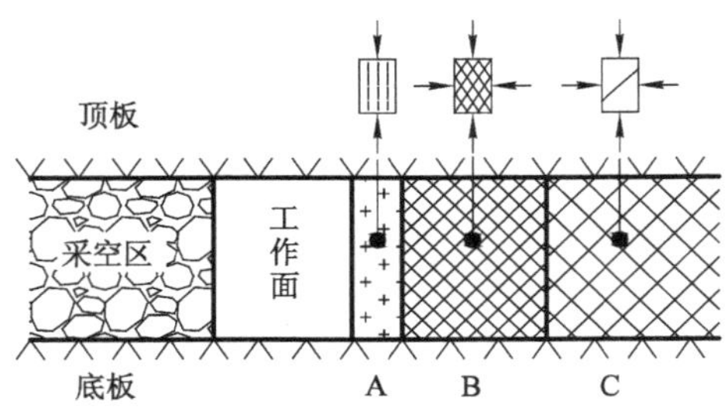

图 6-2　煤体破裂示意图

应力对煤体内裂隙分布及扩展延伸存在显著影响，A 区内煤体裂隙相互贯通，煤层的透气性较好，瓦斯得到了充分的放散，瓦斯含量和瓦斯压力较小。B 区内煤体完整性较好，在较大应力作用下，煤体内孔隙裂隙被压实，透气性较差，造成瓦斯的积聚，瓦斯含量和瓦斯压力升高，与破裂程度较高的 A 区紧邻，易于形成较高的瓦斯压力梯度和高瓦斯含量梯度。C 区受应力扰动较小，少部分裂隙被压实闭合，多数裂隙处于原生状态，瓦斯含量和瓦斯压力等于煤层原始瓦斯含量和瓦斯压力，工作面前方瓦斯压力和煤层透气性系数如图 6-3 所示。

采掘工作面处于不断的生产推进过程，煤层内的应力和瓦斯状态始终处于不断的循环变化过程，下面讨论工作面采掘进尺之后，煤层内应力和瓦斯状态变化。

采煤工作面进尺 S 距离后，原来作用于 S 区域煤体的上覆载荷转移至前方煤体，使得新暴露煤体承担的应力瞬间升高，同时煤层内瓦斯在短时间内放散较少，瞬时形成较大的应力梯度和瓦斯梯度，如图 6-4 中曲线 1。应力超过煤体的强度极限后，煤体发生破裂，应力向煤层内部转移，与此同时，煤体破裂后裂隙相互贯通，为瓦斯的运移放散提供通道，深部的瓦斯向工作面方向转移，如图 6-4 中曲线 2。工作面前方煤体的多次破碎后，应力和瓦斯压力逐渐趋于稳定，如图 6-4 中曲线 3，完成工作面一次进尺。

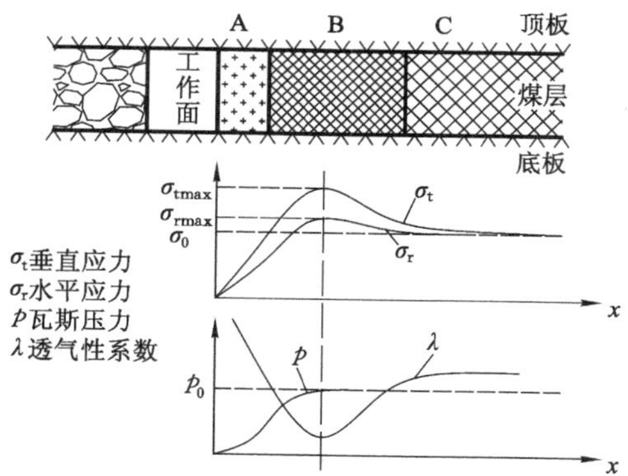

图 6-3 应力和瓦斯压力分布示意图

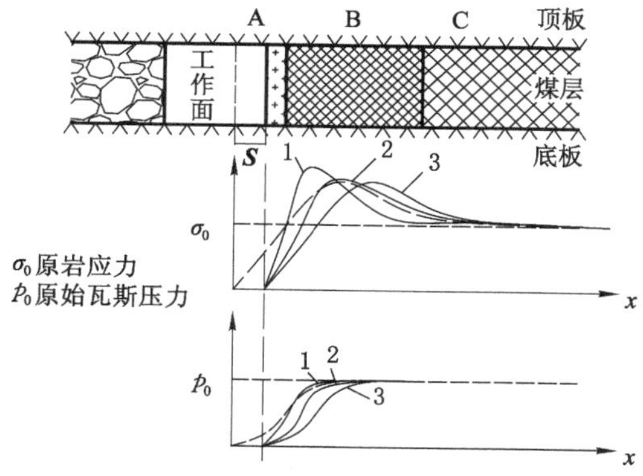

图 6-4 应力和瓦斯压力变化过程示意图

在正常回采过程中，工作面前方应力和瓦斯压力的转移能够平稳进行，但是一旦工作面前方存在地质构造、煤层厚度变化、顶板悬顶过长等情况，会使得应力转移发生异常，造成应力及应力梯度增大，进而使得局部出现瓦斯积聚的现象。假设工作面前方出现异常区域 D，如断层构造、煤层厚度变化、软分层厚度变化、夹矸等，应力转移及变化规律如图 6-5 所示。在这种情况下，工作面推进过程中应力的转移不再是逐步往前推进，而是受到区域 D 的影响出现应力停滞现象。随着卸压区 A 的宽度逐渐缩小，使得应力峰值距工作面的距离越来越近，并且越来越大，此时煤体内积聚瓦斯越来越多，形成了越来越大的应力梯度和瓦斯压力梯度。当卸压带 A 不能为 B 区提供足够的径向支撑力时，应力集中区 B 积聚的能量会集中向外释放，引起煤体破裂。煤体内瓦斯含量较小时，瓦斯膨胀能较小，煤体抛射距离和破碎程度都较小，甚至不会出现明显的煤体抛射情况，表现为压出的现象；当煤体赋存的瓦斯含量较大时，瓦斯释放的膨胀能较大，抛射距离较大，对煤体造成的破坏也较严重，表现为明显的突出现象。

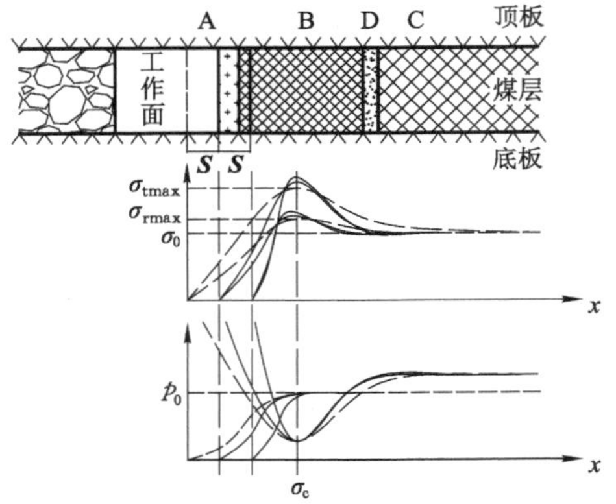

图 6-5　异常条件对应力和瓦斯压力的影响

6.1.2　煤与瓦斯压出过程划分

根据前人的研究得到[11, 105]，煤与瓦斯突出发展演化过程可划分为突出准备阶段、启动阶段、发展阶段和终止阶段，对比而言，压出的发生过程也可以分为准备阶段、发动阶段、发展阶段和终止阶段，只是在演化过程中煤体的破裂、应力和瓦斯等参数的状态与突出存在很大差异，如图 6-6 所示。

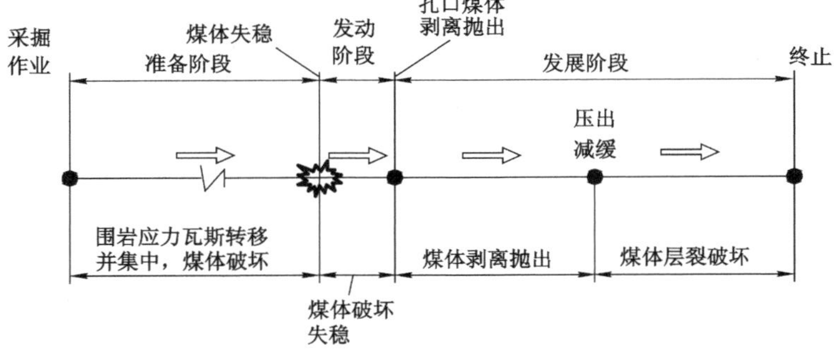

图 6-6　压出过程划分

(1) 准备阶段

采掘作业过程中，煤层内应力、瓦斯以及煤体强度变化状态如 6.1.1 节所述不断发生着变化，当以上参数和煤体的状态变化到一定程度后，并足以引起煤体的失稳破坏，准备阶段结束，进入发动阶段。

(2) 发动阶段

在准备阶段完成后，应力集中区的煤体积聚了较多的弹性能和瓦斯潜能，当煤岩体内积聚的能量超过其储能极限，煤体发生破裂，同时内部储存的能量向外释放,如果煤体破裂不足以完全消耗释放出的能量,那么卸压带的煤体将被压出。从准备阶段到发动阶段存在状态的突变点,这一突变点的定义是一定体积的煤岩体破坏失稳并被抛出,其中包括三个简短的过程:煤体破坏、失稳和抛出。在压出的整个演化过程中,煤体的抛出距离可能不大,甚至有些情况下没有剧烈抛出现象。

(3) 发展阶段

压出的发展阶段是指从发动至终止整个过程,煤体破裂持续发展。压出发生时,煤体的抛运过程较短,更多的是煤体内裂纹连续扩展,以及煤体在应力和瓦斯耦合作用下的连续变形过程。压出发动后形成了最初的孔洞,靠近孔洞壁的煤体暴露并承受了更高的应力,在应力和瓦斯压力的双重作用下煤体进一步破坏,并被剥离。

发生压出时的煤层瓦斯压力较突出小,造成煤体破裂的程度有限,深部的瓦斯无法迅速向外释放。根据压出的现场发生条件可以看出,易于发生压出的煤层其应力值都比较大,并且煤体能够积蓄一定的弹性潜能,所以在压出的发展过程中弹性潜能的释放对于压出的发展具有重要的作用。弹性能的积蓄和释放伴随着煤体的变形,不具有像瓦斯潜能一样的流动性,在压出发生的较短时间内弹性能得不到补充,由此可以得出,压出发展过程中煤体内积蓄的弹性能和瓦斯潜能不断减少。煤体内的作用力垂直于裂隙表面,因此煤体的破裂以层裂破坏为主。

(4) 终止阶段

煤体被压出后,随着煤体内积聚的弹性能和瓦斯潜能不断释放,并且孔洞内堆积的煤体对孔洞壁的支撑和对瓦斯涌出的阻碍作用越来越大,压出过程的发展难以继续,逐渐趋于稳定,并最终结束。

压出的演化是连续的过程,准备阶段和终止阶段煤体处于稳定或准稳定状态,而发动阶段和发展阶段煤体结构则处于动态变化过程,不断发生破裂,煤层内的瓦斯和应力同步发生着变化。

准备阶段是与采掘作业同步进行,煤岩体的应力和瓦斯处于准平衡状态,压出的终止是煤岩体状态改变的一个突变点,之后进入平衡状态,所以压出的准备和终止不是研究关注的重点。压出的发动也是煤岩体状态的突变,在压出发动前工作面前方的煤岩体已经经过了长时间的准备过程,工作面前方的瓦斯和应力都得到了部分释放,形成了应力梯度和瓦斯压力梯度,并且卸压区内的煤体通过自身残余强度为深部煤体提供了径向支撑力,而压出发动后,暴露出新的煤体表面,其径向支撑力降低,形成的应力梯度和瓦斯压力梯度都较大,煤岩体的破裂方式和规律将会发生改变。应力和瓦斯状态、煤体破裂方式的改变导致压出发动和发展过程的机理不尽相同,因此以下分别分析压出的发动机理和发展过程。

6.1.3 煤与瓦斯压出研究目标区域确定

采掘工作面形成后，靠近工作面一定区域的煤体处于强度破坏状态。向煤体深部发展，卸压区内煤体提供的径向支撑力越来越大，煤体由单向受力状态逐渐向三向受力转变，煤体的完整性越来越好，达到一定的深度 L 后，煤岩体处于弹性状态，位于深度 L 范围以内的煤岩体处于极限平衡状态，这个区域称为极限平衡区[192]，如图 6-7 所示。极限平衡区的煤体可进一步分为两个区域，减压区和增压区，前者应力低于原岩应力，后者应力高于原岩应力。对于均匀煤体而言，减压区和增压区宽度比例基本保持不变，随生产同步向前推进。

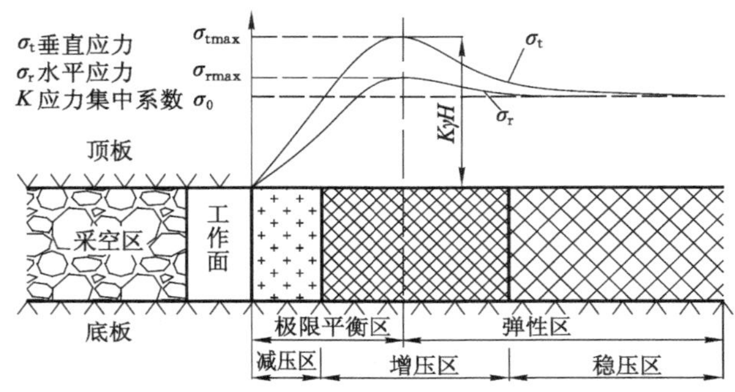

图 6-7 煤层应力分区

极限平衡区的煤体已经发生了强度破坏，在煤体应力应变特性曲线中处于峰后软化阶段，这一阶段的煤体状态不稳定，在受到外界或煤层内的作用力时容易发生大变形从而失稳，同时煤岩体的蠕变性增强，在恒定载荷作用下更容易发生失稳破坏。增压区内应力值较大，煤体积聚了一定的弹性能，同时煤体内的孔隙裂隙被压实，其内部赋存的瓦斯不易解吸放散，基本接近原始瓦斯状态，所以极限平衡区的增压区内所积蓄的能量仍然较大。

多数生产作业都是作用在极限平衡区的煤体，顶板下沉、底板底鼓等产生的作用力也直接作用在极限平衡区的煤体上，而生产作业的外界扰动和顶底板变形破断是导致煤层内应力和瓦斯状态发生改变的主要因素。

增压区包括部分处于弹性区的煤体，应力尚未达到抗压强度，此区域的煤体仍然能够承担更大的应力，同时抵抗外界变形的能力较强。压出发生后极限平衡区的煤体发生破坏失稳，甚至被抛出，消耗了较多的能量。当压出的阵面推进至弹性区时应力梯度和瓦斯压力梯度都有所降低，此时弹性区内的煤体能够抵抗应力和瓦斯压力的联合作用，阻止压出向更深部发展。在应力非常大的情况下，压出阵面可能向弹性区发展，弹性区内的部分煤体发生失稳破坏，但是相比极限平衡区而言，弹性区内的煤体发生失稳破坏所消耗的能量更大，因此压出在弹性区的发展相比极限平衡区较小。综上所述，压出的发生演化过程主要是集中于极限平衡区的煤体，因此在研究压出发生演化过程时，应当将采掘工作面前方的极限平衡区作为研究对象。

6.2　煤与瓦斯压出发动机理

压出的发动是指在深部应力、瓦斯压力以及外界扰动产生的作用力的影响下，工作面前方一定厚度的煤岩体发生破坏失稳，甚至被压出一定距离，将深部的煤岩体暴露出来，促进压出的后续发展。

6.2.1　煤体破裂条件分析

由 6.1.1 节分析可知，压出灾害的发生主要是由于 B 区内煤体破裂，并伴随其内部储存的弹性能和瓦斯潜能的集中释放所致，因此分析 B 区内煤体的裂隙延伸扩展规律具有重要意义。断裂力学将介质中存在裂纹分为三种基本形式，分别为Ⅰ型裂纹（张开型）、Ⅱ型裂纹（纯剪切型）和Ⅲ型裂纹（纯扭转型）[207]，如图 6-8 所示。

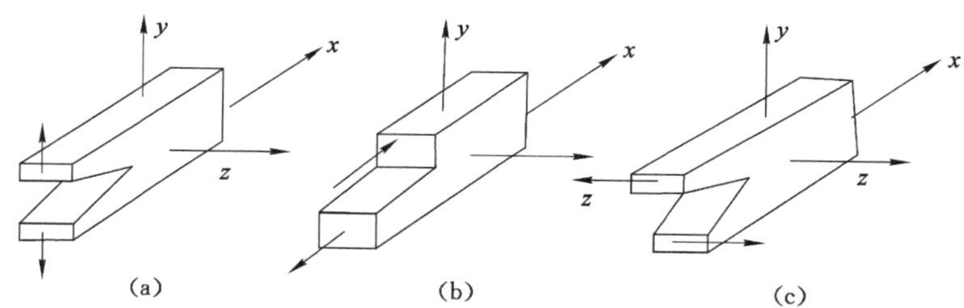

图 6-8　裂纹扩展形式

(a) Ⅰ型裂纹；(b) Ⅱ型裂纹；(c) Ⅲ型裂纹

煤体中存在大量随机分布的裂隙孔隙，在外界应力作用下有些会发生闭合，有些会发生扩展。假设煤体内的裂隙孔隙发生闭合或扩展时，满足以下条件[208]：

(1) 裂隙孔隙在煤体内随机分布；

(2) 裂隙孔隙的闭合或扩展相互之间不会产生影响；

(3) 煤体满足各向同性；

(4) 在外界应力作用下裂隙处于闭合状态。

基于以上假设，我们可得到图 6-9 所示的含瓦斯裂纹力学模型[121]，假设裂纹的初始长度为 $2a$，与最大主应力 σ_1 之间的夹角为 β。

在裂纹面上产生的有效剪应力 τ_e 为：

$$\tau_e = \tau_\beta - \tau_f \tag{6-1}$$

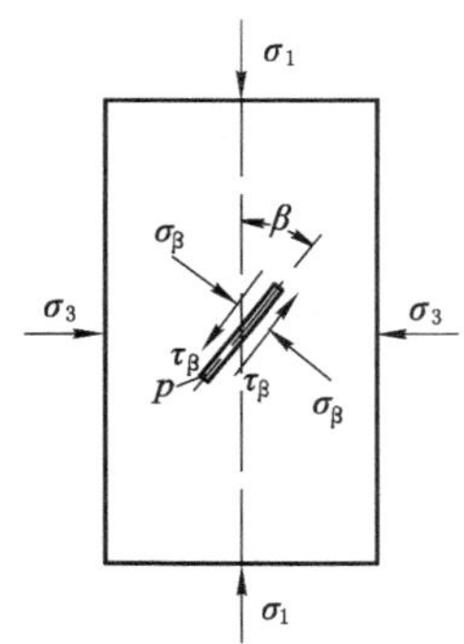

图 6-9　含瓦斯裂纹受力示意图

式中 τ_e 为有效剪应力，τ_β 为裂纹面上的切应力，τ_f 为摩擦切应力，$\tau_f = \mu\sigma_\beta$，μ 为裂纹面的摩擦系数，σ_β 为作用于裂纹面上的正应力。不考虑瓦斯作用时，裂隙受力可表示为[207]：

$$\sigma_\beta = \frac{\sigma_1 + \sigma_3}{2} - \frac{\sigma_1 - \sigma_3}{2}\cos 2\beta \tag{6-2}$$

$$\tau_\beta = \frac{\sigma_1 - \sigma_3}{2}\sin 2\beta \tag{6-3}$$

将式(6-2)和式(6-3)代入式(6-1)可得有效切应力为：

$$\tau_e = \frac{1}{2}[(\sigma_1 - \sigma_3)(\sin 2\beta + \mu\cos 2\beta) - \mu(\sigma_1 + \sigma_3 - 2p)] \tag{6-4}$$

当 τ_e 足够大可以克服裂隙面之间的摩擦力时，在裂隙两尖端就会形成集中应力，进而发生裂隙的扩展延伸，此时裂纹的扩展属于Ⅱ类裂纹。裂隙开始扩展之前，裂隙尖端的强度因子可表示为[209]：

$$K_{\mathrm{II}} = \tau_e\sqrt{\pi a} \tag{6-5}$$

通过式(6-4)可以看出，裂纹面上产生的有效剪切应力与裂纹的倾角相关，因此可以得到，在某一角度裂隙尖端的强度因子 K_{II} 最大，此时裂隙对应的角度 β 最易于发生扩展。令：

$$\frac{\partial K_{\mathrm{II}}}{\partial \beta} = \sqrt{\pi a}\,\frac{\partial \tau_e}{\partial \beta} = 0 \tag{6-6}$$

$$\frac{\partial^2 K_{\mathrm{II}}}{\partial \beta^2} < 0 \tag{6-7}$$

由式(6-4)、式(6-5)和式(6-6)可以得到裂纹的临界扩展角度：

$$\beta_0 = \frac{1}{2}\arctan(1/\mu) \tag{6-8}$$

裂纹长度较小时，Ⅱ类裂纹尖端与Ⅰ类裂纹尖端的强度因子可表示为[210-211]：

$$K_{\mathrm{II}} \geqslant kK_{\mathrm{IC}} \tag{6-9}$$

式中，k 为裂纹尖端表征Ⅰ型裂纹和Ⅱ型裂纹断裂韧度的近似系数比。Ⅰ类裂纹尖端的强度因子可表示为[212]：

$$K_{\mathrm{IC}} = \sigma_{\mathrm{t}}\sqrt{\pi a} \tag{6-10}$$

式中，σ_{t} 表示裂纹的抗拉强度。将式(6-4)、式(6-5)和式(6-10)代入式(6-9)可得：

$$(\mu\sigma_1 + \mu p + k\sigma_{\mathrm{t}})\tan^2\beta - (\sigma_1 - \sigma_3)\tan\beta + 2\mu\sigma_3 - \mu p + k\sigma_{\mathrm{t}} \leqslant 0 \tag{6-11}$$

当外界施加作用力较大时，煤体内部会有多个裂隙同时扩展，将煤体内部发生扩展的裂隙汇集于同一点 O，形成如图 6-10 所示半径为 $2a$ 的扇形裂隙集合，其中裂隙之间的夹角 α 为裂隙扩展的方位角，裂纹扩展的方位角等于裂纹扩展的两个临界角度之差，即 $\alpha = \beta_1 - \beta_2$，可以得到：

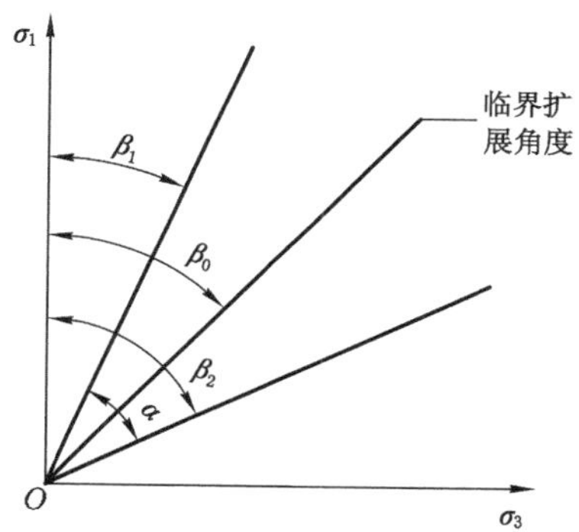

图 6-10 裂隙起裂角度示意图

$$\tan\alpha = \frac{\sqrt{(\sigma_1 - \sigma_3)^2 - 4(\mu\sigma_1 + k\sigma_{\mathrm{t}} - \mu p)(\mu\sigma_3 + k\sigma_{\mathrm{t}} - \mu p)}}{\mu(\sigma_1 + \sigma_3 - 2p) + 2k\sigma_{\mathrm{t}}} \tag{6-12}$$

由上式可知，在轴向应力不变的情况下，围压越大裂隙扩展的方位角越小，能够发生扩展的裂隙角度越一致。

由式(6-12)可得：

$$\cos\alpha = \sqrt{\frac{1}{\tan^2\alpha + 1}} = \frac{\mu}{\sqrt{1+\mu^2}}\left[1 + \frac{2\sigma_3 - 2p + 2k/\mu}{\sigma_1 - \sigma_3}\right] \tag{6-13}$$

煤岩体的损伤破裂是一个复杂的过程，但是表征煤岩体破裂的特征参数应当是一个不变量，左建平计算推导后选择 $|\partial\cos\alpha/\partial\sigma_1|$ 为特征参数，能够很好地反映煤岩试样的变形破裂过程[208]。

由式(6-13)可得：

$$\left|\frac{\partial\cos\alpha}{\partial\sigma_1}\right| = \frac{\mu}{\sqrt{1+\mu^2}}\frac{2\sigma_3 - 2p + 2k/\mu}{(\sigma_1 - \sigma_3)^2} \tag{6-14}$$

当煤岩体处于单轴压缩临界状态时，$\sigma_1 = \sigma_c, \sigma_3 = 0$，可得：

$$\left|\frac{\partial \cos \alpha}{\partial \sigma_1}\right| = \frac{\mu}{\sqrt{1+\mu^2}} \frac{2k/\mu - 2p}{\sigma_c^2} \tag{6-15}$$

式中，σ_c 为煤岩体的单轴抗压强度。由式(6-14)和式(6-15)可得：

$$\sigma_1 = \sigma_3 + \sigma_c \sqrt{1 + \frac{\mu \sigma_3}{k - \mu p}} \tag{6-16}$$

式(6-16)为只考虑游离瓦斯的条件下，煤岩体的强度破裂准则。实际上，当裂隙之间存在游离瓦斯时，煤岩体裂隙面间的摩擦系数也会降低。

煤体内不仅包含游离的瓦斯，还有吸附瓦斯。何学秋[18]研究得到吸附瓦斯会侵蚀煤体骨架，使得煤体易于发生屈服，降低煤体强度。吸附瓦斯对煤体强度的影响实质是吸附瓦斯降低了煤体的表面能，由此可得，吸附瓦斯对煤体强度的影响可表示为[213]：

$$\sigma'_c = \sigma_c \sqrt{1 - \frac{RT}{\gamma_0 V_0 S l}\int_0^p \frac{V}{p}\mathrm{d}p} \tag{6-17}$$

将式(6-17)代入式(6-16)即可得：

$$\sigma_1 = \sigma_3 + \sigma_c \sqrt{1 - \frac{RT}{\gamma_0 V_0 S l}\int_0^p \frac{V}{p}\mathrm{d}p}\sqrt{1 + \frac{\mu \sigma_3}{k - \mu p}} \tag{6-18}$$

上式为含瓦斯煤体的强度破裂准则。

当煤体内裂纹开始扩展后，裂纹尖端产生的局部拉应力会使得裂纹扩展方向从最初的沿裂纹方向逐渐向平行于主应力方向靠近，因此裂隙扩展往往是由Ⅱ型裂纹逐渐向Ⅰ型裂纹过渡，并最终发展为Ⅰ型裂纹扩展，如图 6-11 所示。由原生裂纹产生的翼裂纹扩展的长度取决于轴向应力和围压的比值以及煤体自身的性质，如图 6-12 所示，可以看出，在裂隙长度一定的情况下，σ_3/σ_1 越小，翼裂纹稳定扩展的长度越大；$\sigma_3/\sigma_1 \geqslant 0.1$ 时，裂纹扩展的长度趋于定值[18, 214]。在工作面前方应力分布的三个区域中，卸压区 A 区 σ_3/σ_1 较小，煤体内裂纹在平行于主应力垂直应力的方向上进行扩展延伸，并且扩展长度较大，从而在煤体内部形成较多平行于主应力的拉裂纹；在应力集中区 B 区内，σ_3/σ_1 较大，煤体内裂纹沿平行主应力方向扩展的长度较小，最终形成图 6-2 所示的多重剪切裂隙；在原始应力区 C 区，煤体处于原始状态，煤体内裂纹扩展较小。

6.2.2 煤体层裂结构形成过程分析

压出的准备阶段，采掘作业会对工作面形成扰动，导致煤体不断地发生破坏。在一定的应力和瓦斯状态下，煤体裂隙向内部发展延伸，煤体内的裂隙分布状况对压出具有重要影响。

假设某一工作面在形成前存在 A、B、C 三个区域，如图 6-13(a)所示，煤岩体

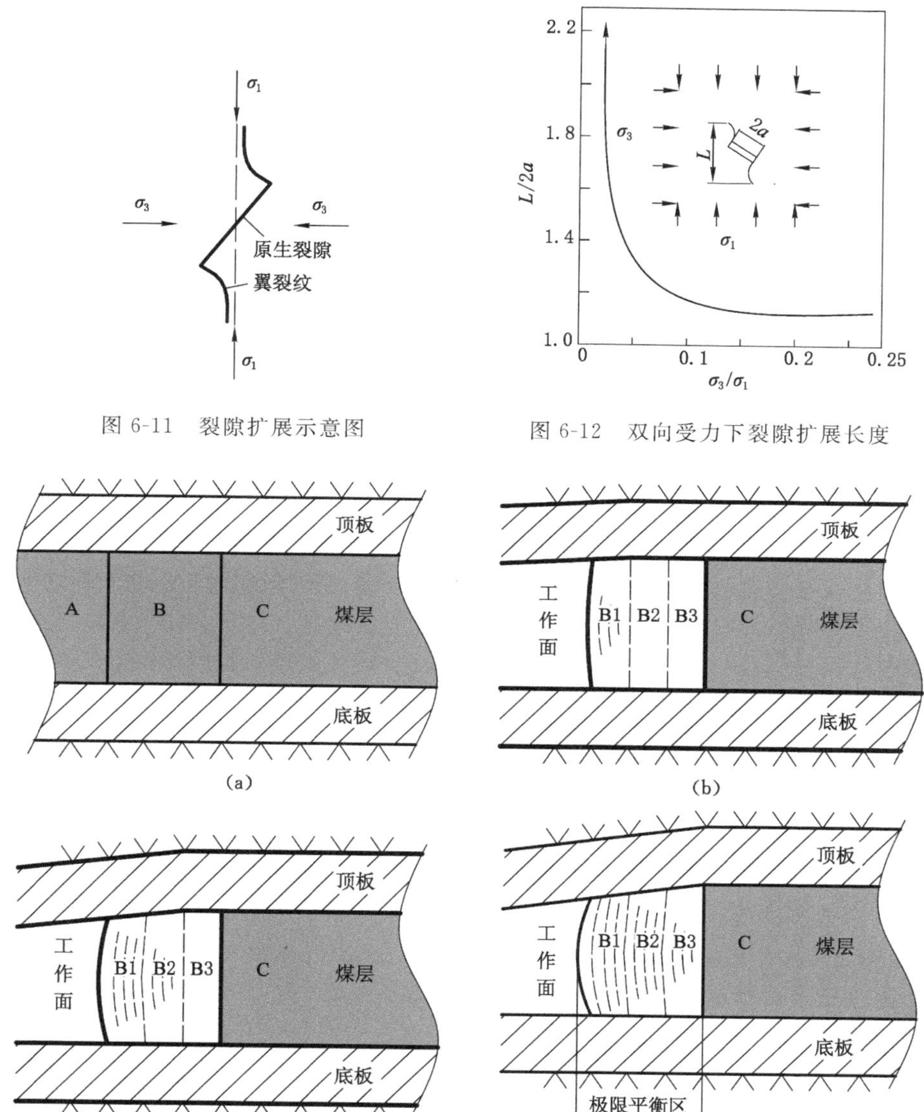

图 6-11 裂隙扩展示意图

图 6-12 双向受力下裂隙扩展长度

图 6-13 煤体渐进破裂示意图

处于稳定状态，内部应力和瓦斯压力分布较均匀，将区域 B 内的煤体分为三部分，分别为 B1、B2、B3。当 A 区域内煤体被回采或掘进后，其上方的顶板因为失去了下部支撑而发生弯曲下沉，顶板的弯曲下沉对 B1 区域内新暴露的煤岩体产生额外的叠加应力，同时 B1 区域煤体失去了径向支撑力，由原来的三向受力状态变为单向受力状态，导致煤岩体劈裂破坏，以残余强度为顶板提供支撑力，如图 6-13(b)所示。B1 区域的煤体破坏后顶板会进一步下沉，对 B2 区域的煤体产生额外的叠加应力，造成此区域的煤体发生劈裂破坏，如图 6-13(c)所示。B1 区域煤体和 B2 区域煤体相比，后者在前者提供的径向支撑力的作用下，其抗压强度升高，并且在 B1 区域煤体残余强度的配合下，能够承担较多的上覆岩层的重量，从而有效减缓顶板下沉作用，随着深部越来越多的煤体对顶板提供支撑力，最终能够阻止顶板下沉达到平衡，在工作面前方形成极限平衡区，煤体内形成层裂结构，最终状态如图 6-13(d)所示。C 区域内在临近 B 区域的煤体，同样处于应力集中区，但是此时的应力不足以对煤体造成破坏。

由岩石力学可知，煤岩体材料在变形破裂过程中存在扩容现象[215]。当 B1 区域煤体发生破裂后体积膨胀，顶板下沉减小了垂直方向的空间，促使 B1 区域煤体在径向方向膨胀，煤体向采掘空间挤出，而上下两端顶底板会对煤体产生约束作用，限制煤体的位移。B1 区域煤体上下两端的摩擦力与煤体的挤出方向相反，煤体内部会产生剪切应力，由于 B1 区域煤体发生劈裂破坏后形成了层裂结构，因此在垂直方向的中间位置形成了剪应力的集中。当煤体变形较小时，产生的剪应力较低，不足以使得 B1 区域煤体发生剪切破坏。然而当 B1 区域煤体的水平位移累加到一定水平后，其剪应力也较大时，B1 区域煤体发生剪切破裂并向采掘空间进一步膨胀。

在工作面前方形成如图 6-13(d)所示的结构过程中，瓦斯主要起到降低煤体强度，加剧煤体破坏的作用。在这个过程中没有出现煤体的突然剥落，瓦斯也就不会出现集中释放，相反 B1、B2 区域内煤体破裂较为严重，为瓦斯运移提供了通道，其内部瓦斯得到了较为充分的放散，瓦斯压力和瓦斯含量较小。

当应力较大时，深部煤岩体向外挤出较多时，累加在 B1 煤体上的位移量有可能超过 B1 的极限值，此时 B1 发生失稳破坏，表现为煤壁片帮，如图 6-14 所示，此时虽然煤壁片帮处凹陷，但是极限平衡区的煤体外鼓的趋势已经形成。

采掘工作面生产时，进尺是平行于采掘空间，如图 6-15 所示，每次进尺完成后暴露出来的煤壁与极限平衡区内层裂结构之间的裂隙不平行，在垂直方向上位于上部的煤体与其深部的煤体已经被裂纹割断，失去了力的传递作用，因此现场生产时片帮多数是煤壁上部的煤体剥落。

在 6.1.4 节的分析中已经得知，极限平衡区 B 内分为减压区和增压区，减压区的煤体积聚能量较小，而增压区内的煤体虽然发生了强度破坏，但是仍然储存了一定的弹性能，同时积聚一定的瓦斯潜能，如果集中释放对于煤体的破裂和推倒作用仍然不能忽视。当减压区内的煤体提供的径向支撑力不足以阻止煤体内储存的能量释放时，极限平衡区内的某一层层裂结构会发生破坏，其内部积聚的弹性能和瓦斯潜能集中向外释放，发生压出。

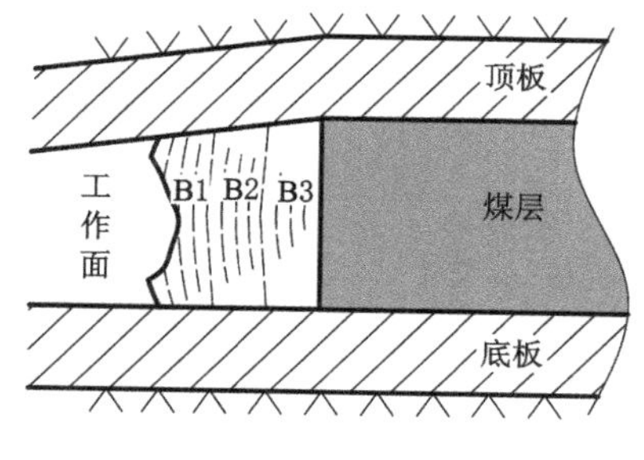

图 6-14 煤壁破坏示意图

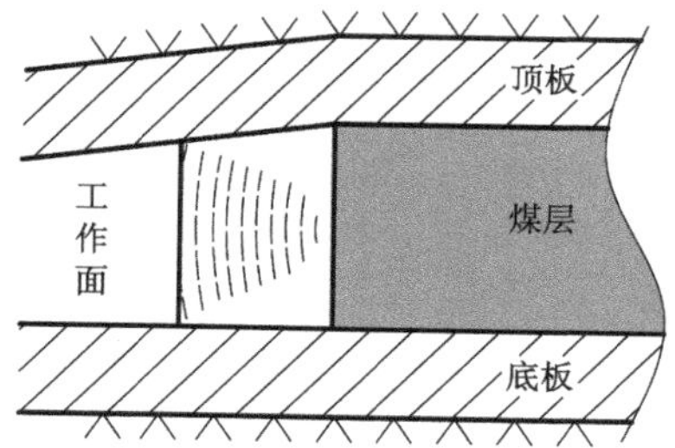

图 6-15 工作面进尺示意图

6.2.3 煤壁失稳及压出发动条件分析

煤与瓦斯压出发动时，层裂结构从稳定到失稳是瞬间完成的，煤体结构发生脆性断裂，并释放出一定的弹性能，从而将外部的煤体推倒。由此可以推断发生断裂的层裂结构距采掘空间有一定的距离，储存着较多的弹性能，完整性较好，因此可以将发生断裂的层裂结构看作板结构，进而分析煤体层裂结构稳定性转变为分析板结构的稳定性。

相比煤壁高度，可以认为区域 B 内的层裂结构沿采掘空间无限延伸。煤体形成层裂结构后，煤体内赋存的瓦斯充满板与板之间的裂隙以及每层板内的孔隙，因此可以建立如图 6-16(a)所示的层裂结构模型。假设发生破裂的层裂结构高度为 h，建立如图 6-16(b)所示的坐标系，在 x 方向上层裂结构为自由边。

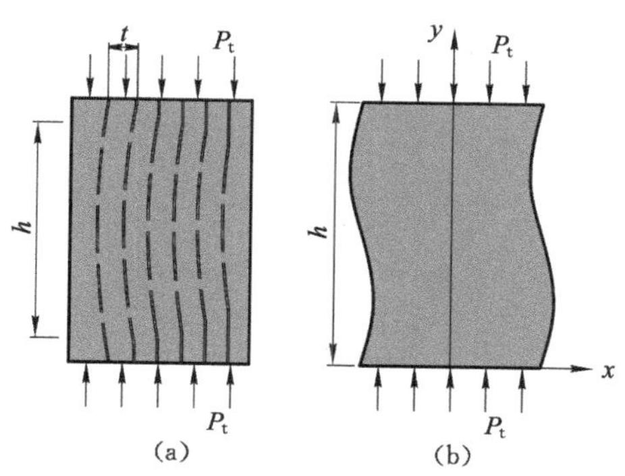

图 6-16 层裂结构示意图

(a) 结构模型；(b) 坐标系

在压出的准备过程中，靠近采掘空间的煤体内裂隙贯通整个煤层高度，往深部发展时，裂纹在采掘空间切向方向延伸的长度越来越小，而能够作为压出发动的层裂结构距采掘空间尚有一定的距离，其内部的裂隙不会贯通整个煤层高度，层裂结构不直接接触顶底板。煤体自身内聚力较低，能够为层裂结构提供的作用力较小，因此将层裂结构与上下两端的约束简化为简支约束，如图 6-17(a)所示，图中 h 为层裂结构的高度，t 为层裂结构的厚度，P_t 为上覆岩层施加在层裂结构上的作用力，Q_r 为煤层内部煤体的挤压作用和瓦斯压力共同形成的作用力。

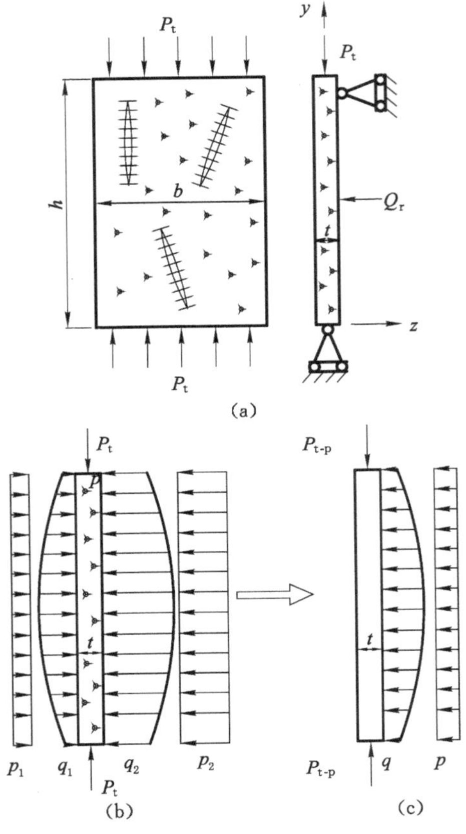

图 6-17　层裂结构受力图

瓦斯在煤体内的赋存状态包括在裂隙孔隙内的游离瓦斯和煤体内的吸附瓦斯。层裂结构受力分为煤体的挤压作用力和瓦斯压力，如图 6-17(b)所示。将层裂结构的受力状态进行等效变化，如图 6-17(c)所示。层裂结构的挠度方程可表示为[218]：

$$\omega = \sum_{m=1}^{\infty} a_{mn} \sin(\frac{m\pi x}{h}) \tag{6-19}$$

式中，a_{mn} 为常数，m 为大于 1 的正整数。由建立的坐标系可以看出，薄板的变形只与 y 相关，薄板的微分方程可表示为[219-220]：

$$\frac{\partial^4 \omega}{\partial y^4} = [-(q+p) - \frac{P'_t}{D}] \frac{\partial^2 \omega}{\partial y^2} \tag{6-20}$$

其中，

$$D=\frac{Et^{3}}{12(1-\mu^{2})} \tag{6-21}$$

式中，E 为薄板的弹性模量，t 为薄板的厚度，μ 为薄板的泊松比。将式(6-19)代入式(6-20)可得：

$$\sum_{m=1}^{\infty}\sum_{n=1}^{\infty}a_{mn}\{(\frac{m\pi}{h})^{4}-(\frac{P'_{t}}{D}+q+p)(\frac{m\pi}{h})^{2}\}\sin(\frac{m\pi x}{a})=0 \tag{6-22}$$

即：

$$(\frac{m\pi}{h})^{4}-(\frac{P'_{t}}{D}+q+p)(\frac{m\pi}{h})^{2}=0 \tag{6-23}$$

即：

$$(\frac{m\pi}{h})^{2}-\frac{P'_{t}}{D}-q-p=0 \tag{6-24}$$

当层裂结构受压时弯曲成半个正弦波，因此取 $m=1$，由式(6-24)可求得薄板结构所能承受的最小载荷为：

$$P'_{t}=\frac{Et^{3}}{12(1-\mu^{2})}[(\frac{\pi}{h})^{2}-q-p] \tag{6-25}$$

式中，P'_{t} 是将板内的瓦斯压力等效为有效应力后计算所得的应力，因此层裂结构实际能够承受的上下两端的作用力为：

$$P_{t}=p+\frac{Et^{3}}{12(1-\mu^{2})}[(\frac{\pi}{h})^{2}-q-p] \tag{6-26}$$

上式即为仅考虑游离瓦斯作用下层裂结构所能承受的外界载荷。实际上，煤体内的吸附瓦斯会影响煤体的力学参数。李小双等[221]通过试验拟合得到了围压为 1 MPa 时，煤体的弹性模量与瓦斯压力之间的关系：

$$E=-0.4063\ln p+1.0136 \tag{6-27}$$

王家臣等[114]通过试验验证了弹性模量随着瓦斯压力的升高而降低。因此考虑吸附瓦斯作用的情况下，所得到的外界载荷小于式(6-26)所得载荷。层裂结构承受临界载荷时，层裂结构发生的最小失稳破裂范围为[217]：

$$a_{\min}=\pi\sqrt{\frac{Et^{3}}{12(1-\mu^{2})P_{t}}} \tag{6-28}$$

此时层裂结构内积聚的能量为：

$$U^{e}=\left\{[\frac{Et^{3}}{12(1-\mu^{2})}]^{2}[(\frac{\pi}{h})^{2}-q-p]+\frac{pEt^{3}}{12(1-\mu^{2})}\right\}^{\frac{1}{2}}+\frac{(p+q)h^{2}}{2} \tag{6-29}$$

假设诱导煤与瓦斯压出发生的层裂结构为图 6-18 中阴影所示，与采掘空间距离为 d。当层裂结构断裂时，其内部积聚的弹性能和瓦斯潜能会向采掘空间释放。层裂结构断裂释放出的能量输入到区域 d 内，区域 d 内的层裂结构通过自身结构弱化，发生塑性变形消耗能量。当破裂层裂结构释放出的能量大于区域 d 内层裂结构所能消耗的能量时，区域 d 内的煤体才会破裂抛出诱发压出。

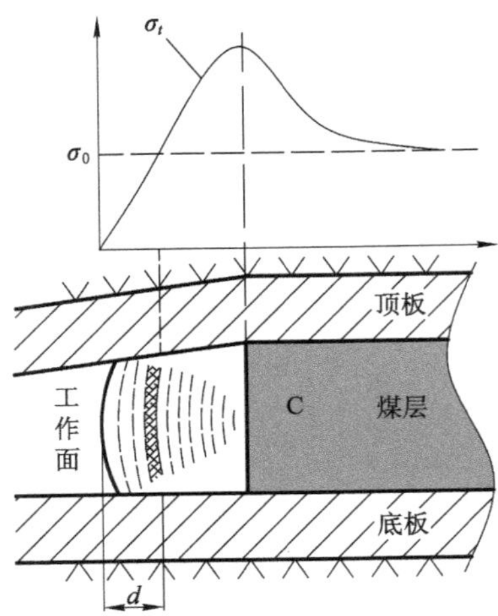

图 6-18 层裂结构断裂位置示意图

煤岩体屈服发生塑性耗散能密度为[222-223]：

$$d\omega_p = \sigma d\varepsilon_p \tag{6-30}$$

式中，ω_p 为塑性耗散能密度，ε_p 为煤岩体发生的塑性应变。根据塑性理论，煤岩体发生塑性变形后，塑性应变可表示为：

$$d\varepsilon_p = \lambda \left\{ \frac{\partial F}{\partial \sigma} \right\} \tag{6-31}$$

$$\lambda = \frac{\left\{ \frac{\partial F}{\partial \sigma} \right\}^{T} [D] \{d\varepsilon\}}{A + \left\{ \frac{\partial F}{\partial \sigma} \right\}^{T} [D] \left\{ \frac{\partial F}{\partial \sigma} \right\}} \tag{6-32}$$

式中，F 为屈服函数，D 为煤岩体损伤变量。将式(6-31)和式(6-32)代入式(6-30)可得：

$$d\omega_p = \sigma \frac{\left\{ \frac{\partial F}{\partial \sigma} \right\}^{T} [D] \{d\varepsilon\} \left\{ \frac{\partial F}{\partial \sigma} \right\}}{A + \left\{ \frac{\partial F}{\partial \sigma} \right\}^{T} [D] \left\{ \frac{\partial F}{\partial \sigma} \right\}} \tag{6-33}$$

煤岩体发生塑性变形时，塑性能的变化可表示为：

$$E_p = \iiint_{\varepsilon_v^p} d\omega_p = \iiint_{\varepsilon_v^p} \sigma \frac{\left\{ \frac{\partial F}{\partial \sigma} \right\}^{T} [D] \{d\varepsilon\} \left\{ \frac{\partial F}{\partial \sigma} \right\}}{A + \left\{ \frac{\partial F}{\partial \sigma} \right\}^{T} [D] \left\{ \frac{\partial F}{\partial \sigma} \right\}} \tag{6-34}$$

上式即为区域 d 内煤体所能消耗的能量。根据 D-P 准则可得[205]：

$$F = \sqrt{J_2} + \alpha_{\mathrm{DP}} I_1 - k_{\mathrm{DP}} \tag{6-35}$$

其中，

$$I_1 = \sigma_1 + \sigma_2 + \sigma_3 \tag{6-36}$$

$$J_2 = \frac{1}{6}[(\sigma_1 - \sigma_2)^2 + (\sigma_2 - \sigma_3)^2 + (\sigma_1 - \sigma_3)^2] \tag{6-37}$$

根据韦布尔(Weibull)微元强度分布函数可得[224]：

$$D = 1 - \exp[-(\frac{F}{F_0})^m] \tag{6-38}$$

区域 d 内的煤体破裂失稳时，煤体内的裂纹扩展会消耗掉部分能量，可用下式表示：

$$E_{\mathrm{F}} = 6WV_{\mathrm{s}}[\sum \frac{\gamma_i}{d_i} - \sum \frac{\lambda_i}{D_i}] \tag{6-39}$$

式中，W 为煤岩体内形成单位表面积所消耗的能量；V_{s} 为煤岩体抛出之前的体积；d_i 为煤岩体破裂后的块度；γ_i 为直径为 d_i 颗粒在煤岩体破裂后整个分布内所占的体积百分比；D_i 为煤岩体破裂前的块度；λ_i 为直径为 D_i 颗粒在煤岩体破裂前整个分布内所占的体积百分比。

当断裂的层裂结构向外释放出的能量大于区域 d 内煤体所能消耗的能量时，会诱发煤与瓦斯压出，即：

$$U^e \geqslant E_{\mathrm{p}} + E_{\mathrm{F}} \tag{6-40}$$

由于煤与瓦斯压出发生时，煤体内积聚的弹性能和瓦斯潜能相对较小，因此对区域 d 内的煤体造成的动力效应不明显，甚至有时表现为煤体连续的大变形。

由于内部煤体的膨胀挤压，煤体层裂结构内存在剪切应力，并在煤体中部形成集中，从层裂结构中部向上下两端剪切应力逐渐减小。由于深部煤体的挤压靠近采掘空间的层裂结构位移量最大，越往煤层深部煤体的位移量逐渐减小，相应地，最外层煤体承受的剪切应力最大，深部的煤体剪切应力逐渐减小。当剪切应力大于煤体剪切强度时，煤体单元发生破坏。假设最外层层裂结构内发生破裂的煤体高度为 L 时，那么第二层层裂结构破裂的煤体高度小于 L，更深部的煤层破裂高度逐渐减小，将每层层裂结构煤体的剪切破坏临界点相连就会在极限平衡区内会形成如图 6-19 所示的曲线，称之为剪切滑移线[22,5]。

当极限平衡区内的层裂结构断裂向外释放能量时，剪切滑移线内的煤体率先被剥离压出，同时将深部的煤体暴露出来，这也是压出演化过程中形成的最初的孔洞或裂隙。瓦斯潜能和弹性能较小时，煤体会被剥落，抛出不明显，形状能够得到较好的保持，在试验过程中也得到了证实，如图 6-20 所示。两次试验中诱导口打开后，煤体被剥离出来，没有呈现出明显的抛出过程。

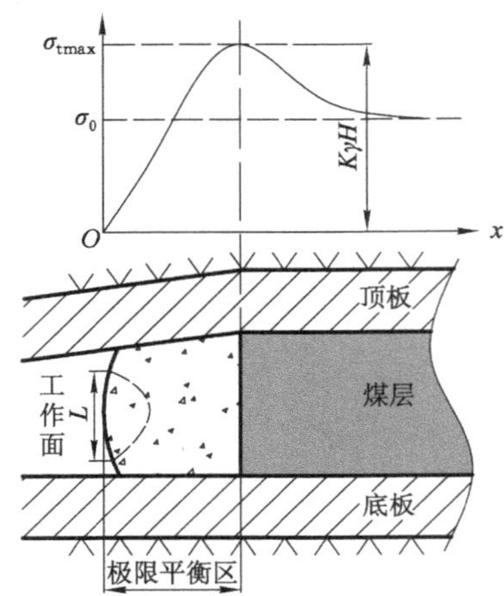

图 6-19　煤壁剪切滑移线示意图

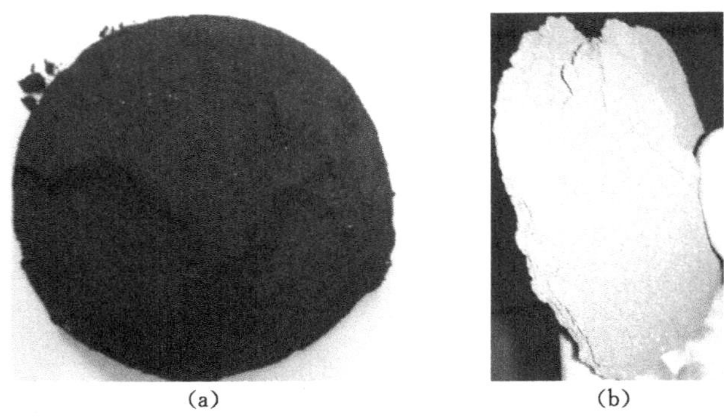

(a)　　　　(b)

图 6-20　压出煤体形状

6.2.4　外界扰动对煤壁失稳的影响

采掘工作面实际的生产过程中始终伴随着深孔爆破、钻孔施工、水力化卸压措施等作业，同时顶板也会发生周期性破断、来压，以上这些都对煤层形成了动力扰动。事实上，许多事故就是由外界扰动诱发，因此需要分析外界扰动对煤层结构稳定性的影响。

采掘作业中的外界扰动，作用力的方式不同，因此可以将外界扰动分为三类：一是作用于卸压区，如钻孔施工、水力冲孔等；二是作用于应力集中区，如深孔爆破、水力割缝等；三是由外界扰动产生的应力波向煤体内传播，如顶板断裂来压等。以下分别分析以上三类扰动对于煤壁失稳进而影响压出发动的作用机理。

(1) 卸压区作业

钻孔施工和水力冲孔作用于卸压区的煤体后，最外围的煤体会出现局部的失稳，径向支撑力降低，深部煤体强度降低，造成其失稳破坏，反映在工作面前方的应力状态如图 6-21 所示。外界扰动作用前，应力分布曲线为 σ_t，外界扰动作用后，承受外界作用的煤体发生局部的失稳破坏，应力降低并向深部转移，同时外界扰动作业使得应力升高，应力分布曲线为 $\sigma_t+\sigma_k$。如果卸压区的煤体提供的径向支撑力能够保证深部煤体承担应力 $\sigma_t+\sigma_k$，那么煤壁的整个状态较稳定；当卸压区的煤体提供的径向支撑力不足以保证深部煤体的稳定，那么深部的层裂结构会发生破裂，进而发生煤壁失稳，发生压出。

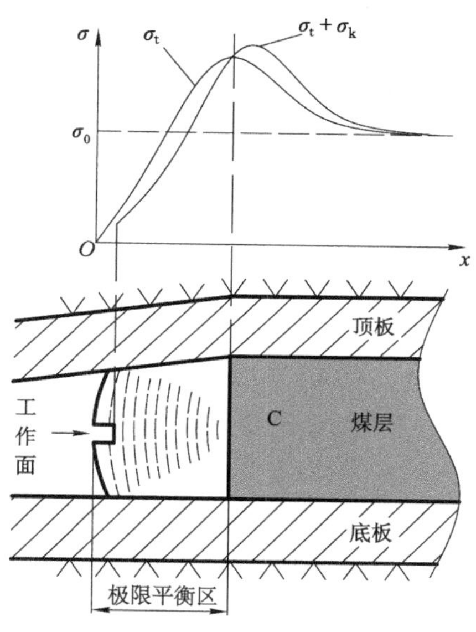

图 6-21 卸压区作业应力变化规律

(2) 应力集中区作业

深孔爆破是弹性区内施加冲击载荷，破坏煤体以降低应力，水力割缝与深孔爆破相比施加载荷的冲击效果较小，但是仍然是通过外界载荷破坏煤体从而降低其应力值。当应力集中区内的煤体破坏后，体积增大，会对卸压区域周围的煤体形成挤压作用，造成应力的再次集中，因此作业前后煤层内应力状态改变可以用图 6-22 来表示，以下以深孔爆破为例对采取措施前后应力变化进行分析。

深孔爆破后在弹性区内产生的冲击载荷超过煤体的强度极限，造成层裂结构破坏，并向外释放内部储存的弹性能。根据最小能量原理，释放出的能量必然沿阻力最小的渠道进行传递[216]，也就是向巷道方向释放。能量的释放对外围的层裂结构形成挤压，造成紧邻弹性区内破坏区的煤体出现应力集中，因此在采掘空间和爆破区域中间形成了一个应力集中区，而该区域内煤体本身已经处于

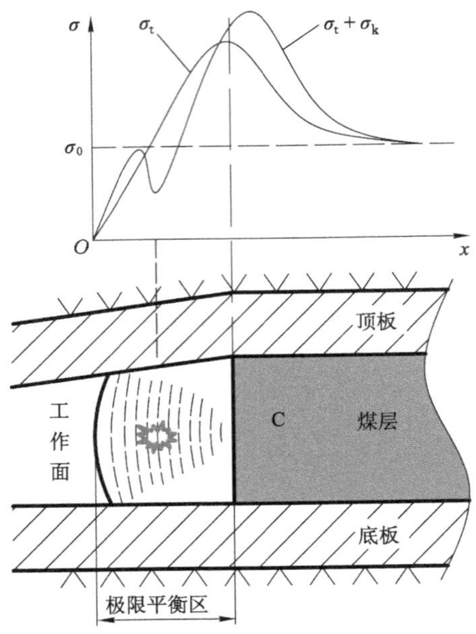

图 6-22 应力集中区作业应力变化规律

峰后阶段，所能承受的载荷有限，因此应力是呈现有限的升高，如图 6-22 所示。爆破同时会产生强度较大的应力波，卸压区的煤体内部裂隙较为丰富，不利于应力波的传导，因此应力波向煤层深部传播。在应力波的作用下，深部的煤体瞬间形成了应力集中值，造成煤体的破坏，峰值应力向更深处的煤层转移。爆破完成后一段时间，应力转移变化逐渐趋于稳定。深部煤体承压能力较浅部煤体好，煤体不易发生失稳破坏，但是应力值较原来应力有所升高。

多数情况下，选择适当的爆破参数都能够保证形成的应力集中区处于稳定状态，并有效地达到卸压效果，但是相比爆破前，在一段时间内其危险性仍然有所提高，这也是爆破后一段时间内不允许生产作业的原因。如果爆破参数选择不当，爆破在煤层内形成的集中应力可能会诱发压出事故。

(3) 外界应力波扰动

顶板断裂、来压等产生的作用力不是直接施加在煤层上，而是在顶板内产生一定频率的应力波，通过顶底板向煤层内传播，造成煤层内应力升高，如图 6-23 所示。顶板断裂来压后向外释放弹性能，在煤层内形成应力波，如图 6-23 所示，当应力波传播到工作面前方应力集中区的瞬时，煤层内的应力由 σ_t 升高到 $\sigma_{ts}+\sigma_{ks}$，极限平衡区内最外层的层裂结构已经发生了强度破坏，受到外界扰动应力时进一步软化破坏，相应地提供的径向支撑力降低，其内部层裂结构也相继发生强度破坏。在外界扰动应力作用下，层裂结构由浅入深依次发生强度破坏，最终达到平衡，应力稳定在$\sigma_t+\sigma_k$，极限平衡区向煤体内部扩展了一定范围，这样煤体通过自身结构的弱化消耗了外界输入的能量。

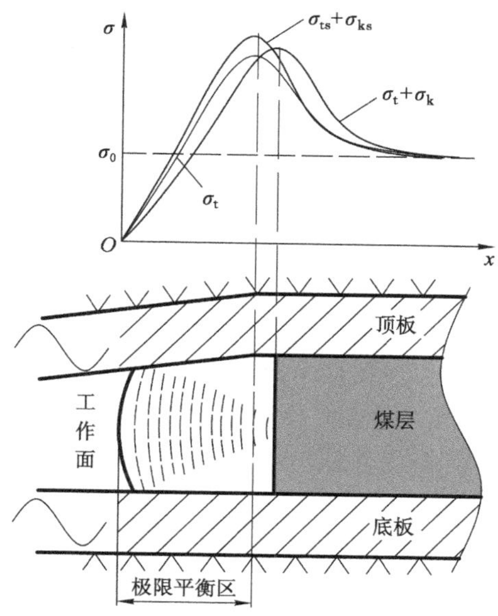

图 6-23 应力波对煤层应力的影响

若顶板断裂产生的应力较大，输入到煤体内的能量较多时，即使卸压区的煤体完全失去了承载能力，即强度破坏完成，也不足以消耗掉输入的能量，此时煤体会发生失稳破坏，诱发压出事故。

以上是针对三类外界扰动输入能量值对煤层层裂结构稳定性和压出发动的影响。通过上述分析可知，外界扰动都会产生具有一定频率的应力波，在极限平衡区中的层裂结构受到扰动时会发生振动，其自身也具有一定的固有频率，当应力波的频率和煤层内部层裂结构的固有频率发生共振时，层裂结构系统的振幅会大幅升高[217]，造成层裂结构的失稳破坏。

煤与瓦斯压出的发动是作用力（瓦斯压力和应力）和煤体共同作用的结果，煤体强度越大，发生煤与瓦斯压出的可能性越小；煤体强度越小，发生煤与瓦斯压出的可能性越大。外界扰动产生的振动应力会引起煤体的强度弱化，使得发生煤与瓦斯压出的可能性升高。根据断裂力学可知，振动应力对裂隙扩展的影响可以用下式表示[78]：

$$K_r = \sqrt{\pi L}\left[(1-1/\pi)P_m - \sigma\right] \tag{6-41}$$

式中，K_r为裂隙尖端的应力强度因子，L为裂隙扩展的瞬间长度，P_m为振动应力，σ为煤层应力。

由上式可以看出，振动应力会使煤体裂隙尖端强度因子升高，更容易达到断裂韧度,使发生压出的可能性升高。

6.2.5 应力和瓦斯压力的作用

压出发动是准备过程完成后煤体状态的突变点,而应力、瓦斯压力以及外界扰动就是诱发煤体状态突变的原因,而外界的扰动作用也是以改变应力状态和瓦斯状态的形式诱发煤体状态的改变。应力作用能够使煤体硬化和软化、压密和破裂等,对煤体性质的突然改变影响较大,而瓦斯的解吸和积聚需要空间和时间,其突变性较应力不明显,因此压出发动时应力起主导作用,瓦斯作用较小。

(1) 应力作用

应力在压出发动过程中的作用可以分为两部分:一是为煤体骨架提供弹性能,二是破裂煤体。压出准备过程中,煤体骨架受到应力压缩积聚弹性能,为煤体的剥离抛出提供能量。当煤层应力超过煤体的强度极限时,煤体软化发生强度破坏,当应力继续增大时,煤体将会发生失稳破坏,层裂结构断裂诱发压出。压出的发动需要将卸压区的煤体挤出,煤层内积聚的弹性能是推倒挤出煤体的主要作用力,这也是压出得以发动并在煤体内形成初步孔洞的原因。

(2) 瓦斯作用

压出的发动是瞬间的状态改变,煤层深部的瓦斯来不及解吸并向外释放,起作用的主要是层裂结构之间的瓦斯膨胀力。层裂结构之间的瓦斯含量较少,难以使得煤体剧烈破坏,因此瓦斯在其中的作用主要是降低煤体的强度,使得煤层中的层裂结构更容易发生破裂失稳。

6.3 煤与瓦斯压出发展过程

压出发动形成最初孔洞后,径向支撑力趋于零,在孔洞壁附近形成了较高的应力梯度促使煤体发生破裂,为瓦斯解吸释放提供了空间,形成较高的瓦斯梯度,加剧孔洞壁发生破坏剥落,甚至被抛出一段距离,新的煤体暴露并被破坏,不断向深部发展,或者压出发生后,应力波向煤体深部发展造成煤体的破坏,这种煤体破裂由浅部向深部推进的过程即为压出的发展过程。

6.3.1 煤体破裂形式

压出的发展与发动相比,最显著的不同点在于发动瞬间完成,而压出的发展是随着煤体的破裂向深部发展,是渐进完成。在模拟压出现象的试验中,可以观察煤体内部的破裂情况,在此给出两组煤体压出后,距上盖板不同深度处煤体剖面裂隙分布规律,如图 6-24 和图 6-25 所示。图 6-24 所示的试验中煤体被剥离但未被压出,图 6-25 所示的试验中煤体被抛出了很小的距离。其中图 6-24 和图 6-25 中的图(a)为压出口处的煤体形状,图(b)为每一层剖面的位置,标注的数字是剖面与上盖板之间的距离,图(c)~(j)为每一层剖面的裂隙分布规律。

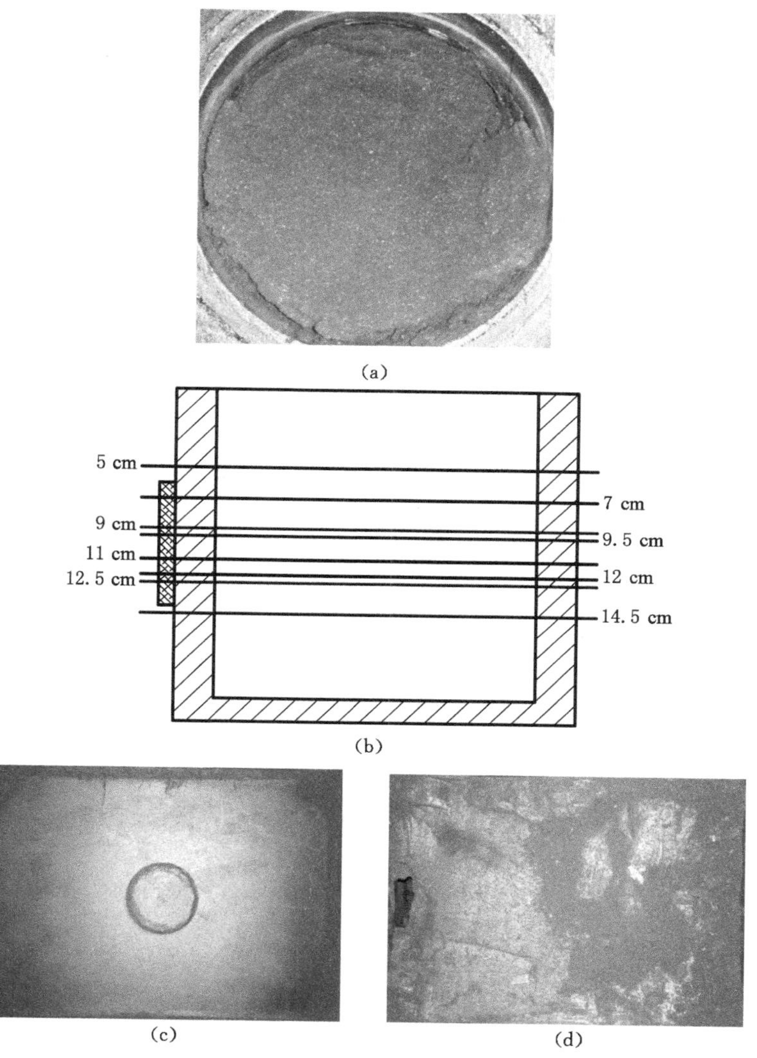

图 6-24 煤体被剥离未压出时的裂隙分布图

(a) 压出口处的煤体形状；(b) 试验装置剖面；

(c) 距上盖板 5 cm 处煤体剖面；(d) 距上盖板 7 cm 处煤体剖面

由残留孔洞和煤体内的裂隙分布可以得到煤体内孔洞和裂隙的分布发展规律，如图 6-26 所示，图中为试验过程中煤体纵向剖面裂隙孔洞发展示意图。在试验过程中如果存在残余孔洞时，也是呈现口大腔小的形态，有时内部发生破坏的煤体被挤入孔洞内，将孔洞堵塞，但是内部的煤体仍然是发生了层裂破坏，并形成了凹球面。

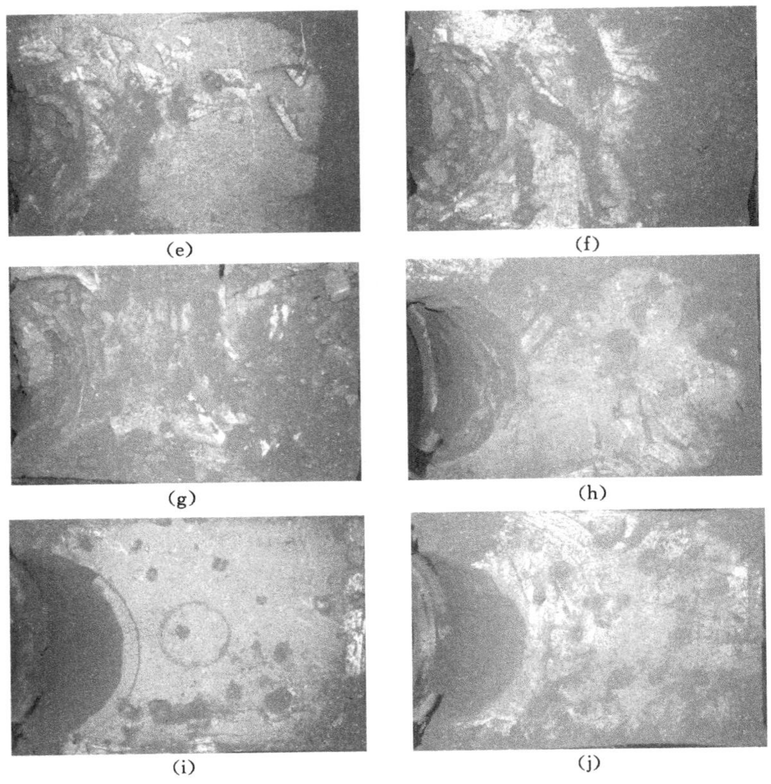

图 6-24(续) 煤体被剥离未压出时的裂隙分布图

(e) 距上盖板 9 cm 处煤体剖面;(f) 距上盖板 9.5 cm 处煤体剖面;(g) 距上盖板 11 cm 处煤体剖面;(h) 距上盖板 12 cm 处煤体剖面;(i) 距上盖板 12.5 cm 处煤体剖面;(j) 距上盖板 14.5 cm 处煤体剖面

无论煤体被抛出一段距离还是仅仅被剥离,煤体内的孔洞都是呈现口大腔小的形状,或者形成了口大腔小的趋势。观察煤体的破裂裂隙可以看出,煤体内垂直方向上形成了一组方向指向压出口的层状裂隙,并且层状裂隙将煤体分割成了不同的厚度,因此压出发展过程中煤体逐层发生破坏,具有明显的先后次序,煤体破坏形式如图 6-27 所示。

6.3.2 煤体破裂过程

煤体的破坏类型实际只有两种:剪切破坏和拉伸破坏。在压出发动前,极限平衡区内的煤体处于三轴受力状态,只可能发生剪切破坏;当压出发动后,煤体被剥离抛出形成了最初的孔洞后,失去了径向支撑力,煤体受力状态由三轴受力转为单轴受力,煤体内的裂隙沿着平行于孔洞切线方向扩展。新暴露煤体的受力状态可以用图 6-28 表示,瓦斯压力作用在裂隙内部,对裂隙尖端形成拉应力;上下两端的垂直应力会在煤体内衍生出沿径向的拉应力,煤体的抗拉强度较低,

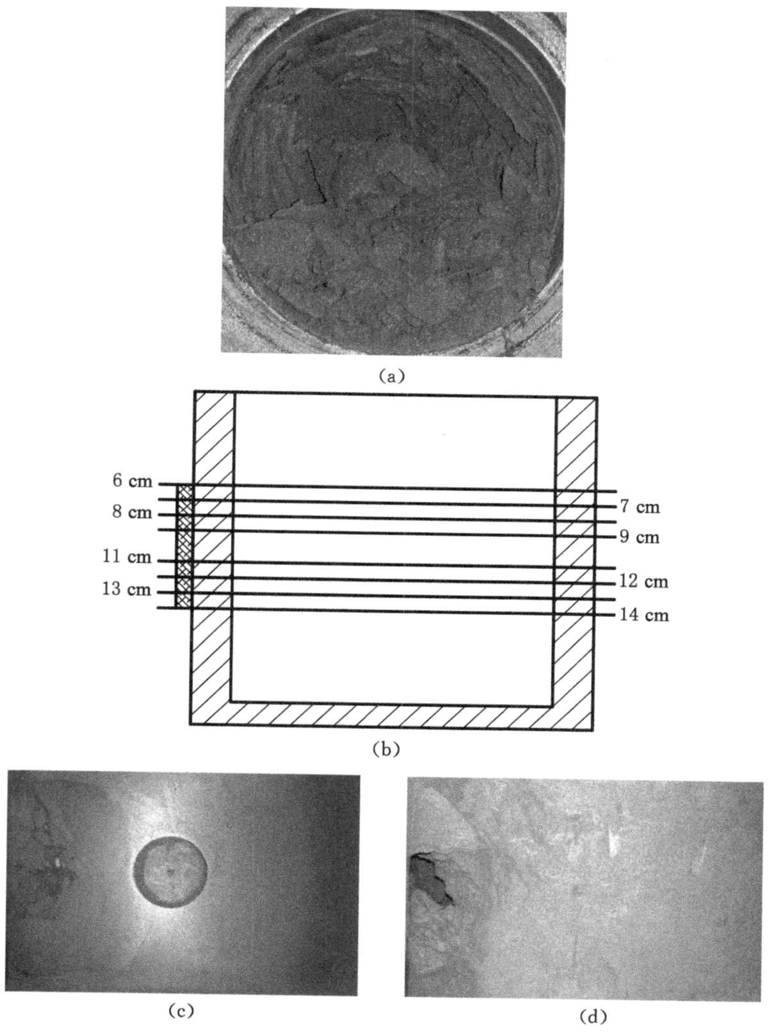

图 6-25 煤体被压出时的裂隙分布图

(a) 压出口处的煤体形状；(b) 试验装置剖面；

(c) 距上盖板 6 cm 处煤体剖面；(d) 距上盖板 7 cm 处煤体剖面

发生拉伸破裂，形成平行于主应力方向的裂隙。

压出发动煤体被抛出后，新形成的孔洞周围的受力状态发生改变，孔洞周围的应力场变为球形应力，如图 6-29 所示。瓦斯压力和应力在煤层内共同作用于孔洞壁，造成裂隙沿孔洞壁切向延伸扩展。裂隙扩展至煤壁时，煤体被剥离，在应力和瓦斯压力的作用下可能会被抛出一段距离。

煤体被抛出后，新暴露面所承受的应力迅速升高，如图 6-30 中 σ_1 所示，煤体

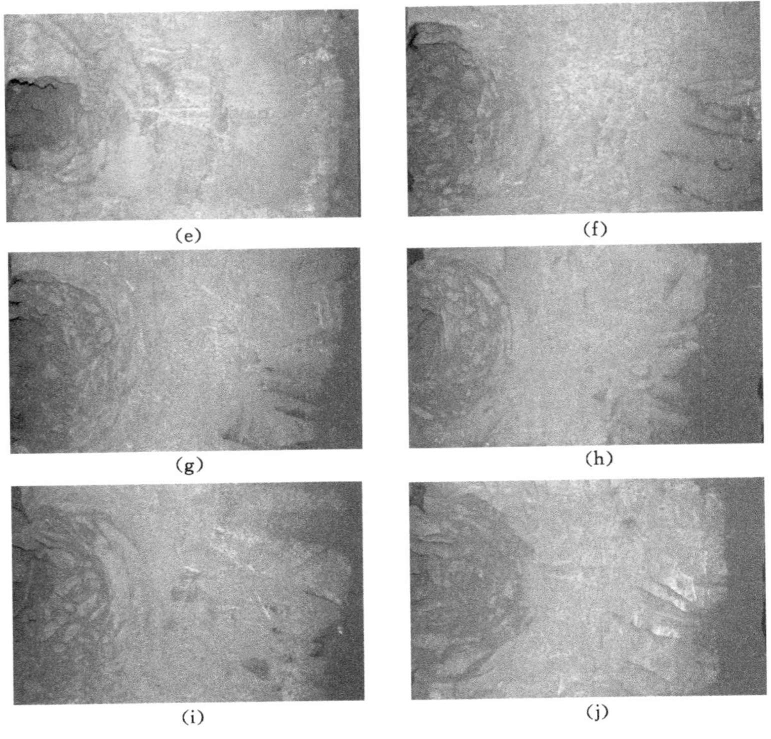

图 6-25(续) 煤体被压出时的裂隙分布图

(e) 距上盖板 8 cm 处煤体剖面;(f) 距上盖板 9 cm 处煤体剖面;(g) 距上盖板 11 cm 处煤体剖面;(h) 距上盖板 12 cm 处煤体剖面;(i) 距上盖板 13 cm 处煤体剖面;(j) 距上盖板 14 cm 处煤体剖面

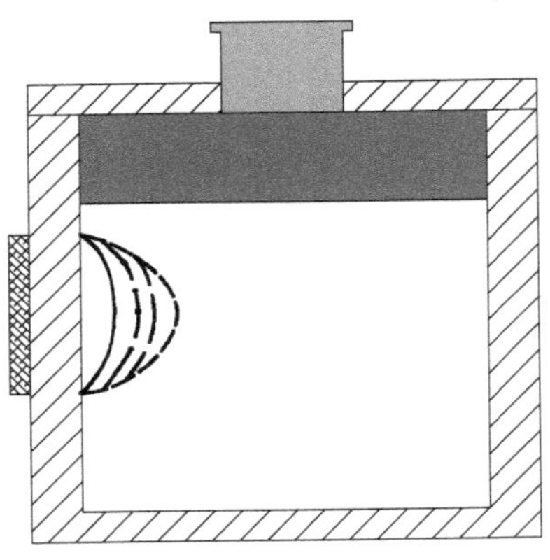

图 6-26 煤体裂隙纵向切面示意图

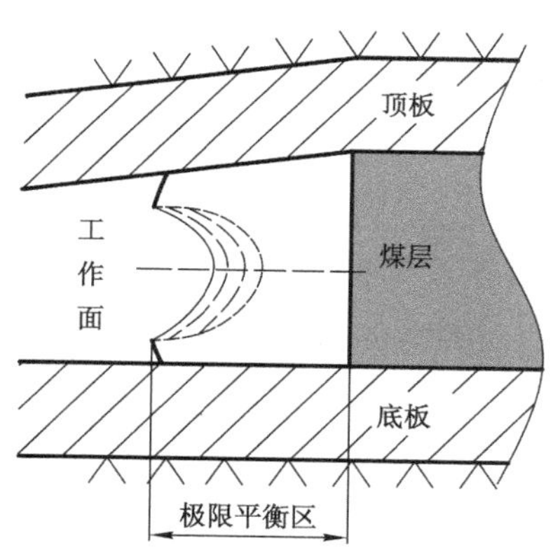

图 6-27 煤体破裂过程示意图

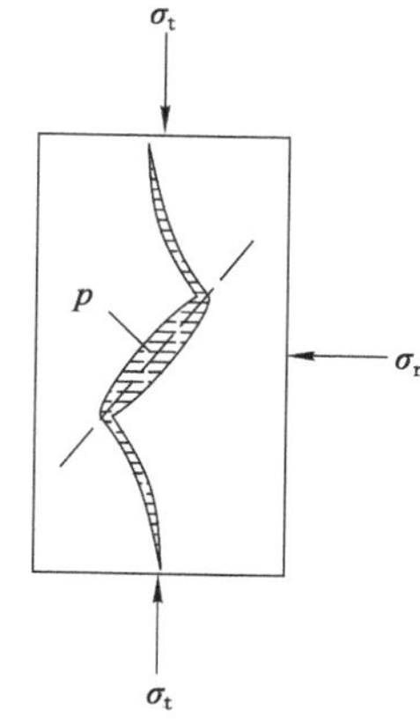

图 6-28 煤体裂隙受力状态分析

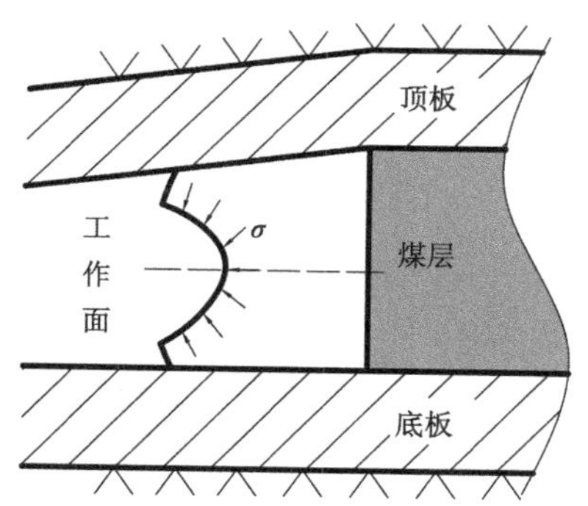

图 6-29 孔洞壁受力状态

破裂在内部形成丰富的裂隙，煤体内吸附的瓦斯迅速解吸，向孔隙裂隙内释放，造成瓦斯压力的升高，如图 6-30 中 p_1，煤体在瓦斯压力和应力的作用下破裂并被剥离，甚至抛出。煤体的破裂和抛出消耗了煤体内的弹性能和瓦斯潜能。在第一层孔洞壁被抛出，释放了部分应力和瓦斯压力，第二层孔洞壁暴露后，前方的应力集中程度较第一层小，瓦斯压力较第一层低，如图 6-30 中 σ_2、p_2。同时第一层煤壁剥离抛出后，孔洞内会残留部分煤体和瓦斯，为孔洞壁提供了一定的径向支撑力，如图 6-30 中σ_{r2} 和 p_{r2}，在煤层内应力、瓦斯压力和径向支撑力的作用下，破裂剥离的第二层煤体较第一层小。随着煤层内的应力和瓦斯压力的释放，以及孔洞内煤体和瓦斯提供的径向支撑力，后续破裂剥离的煤体范围逐渐减小。当煤层应力 σ 和瓦斯压力 p 小于孔洞内的径向支撑力($\sigma_r + p_r$)时，压出终止，因此在压出完成后，煤体内形成口大腔小的孔洞。

煤体破裂剥离后形成凹球面的结构，还与其自身的结构有关，在各种形状

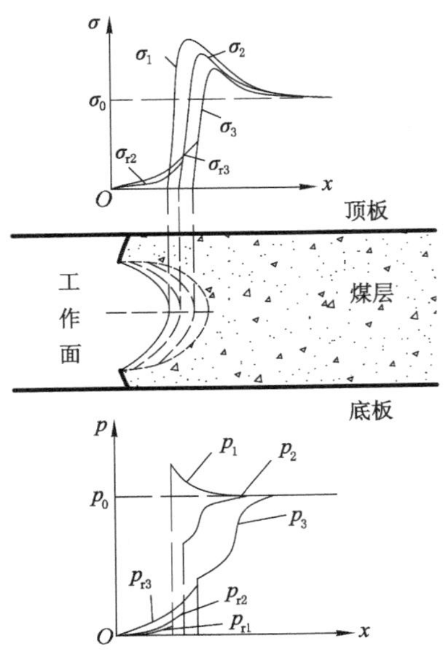

图 6-30 煤体破裂应力瓦斯演化规律

中,凹球面抵抗深部载荷的能力最强,而煤体强度作为压出发展过程中的重要因素之一,其破裂一定是按照抵抗能力最强的方式进行[222]。

对比图 6-24 和图 6-25 两次试验可以看出,煤体发生层裂的厚度并不相同,通过以上煤体破裂过程的分析也可以看出,煤体发生层裂的厚度与煤体内瓦斯压力和应力、煤体强度特性、孔洞内形成的径向支撑力有关。当瓦斯压力和应力在裂隙尖端产生的拉应力和径向支撑压力之差超过裂隙尖端的断裂韧度时,裂隙发生扩展延伸,煤体发生破裂;当靠近孔洞壁处的瓦斯压力不足以促使裂隙扩展时,则需要深部更高的瓦斯压力,因此煤体的破裂厚度越来越大。与其类似,在压出过程中孔洞内的煤体堆积越多,瓦斯积聚越多,煤体的层裂厚度越小。煤层内的瓦斯压力、应力和孔洞内的径向支撑力又相辅相成,瓦斯压力和应力较大时,容易将煤体抛出,使孔洞内的径向支撑力较小,煤体破裂条件容易达到,煤体的层裂厚度较小。

6.3.3 应力和瓦斯压力的作用

在压出的发展过程中,应力所起作用主要是破裂煤体,形成平行于孔洞的裂隙,并且将煤体剥离,为瓦斯的解吸释放提供空间。在以上的分析中已经得到,新暴露煤体所承受的应力在最初的煤体被剥离抛出后最大,之后逐渐减小,因此在压出发展初期,煤体受应力压缩积蓄的弹性能作用于煤体将其抛出。

最初的孔洞形成后,新暴露煤体的受力状态发生了很大的变化,径向支撑力大幅降低,瓦斯的膨胀力会促进裂隙的扩展,并参与煤体抛出的过程。抛出煤体发生失稳破坏，煤体的强度不足以抵抗内部赋存瓦斯产生的瓦斯压力，瓦斯膨胀造成煤体的进一步破裂。

无论煤体处于什么状态，瓦斯压力永远是垂直于裂隙表面，在裂隙尖端产生拉应力。根据断裂力学可知，煤体仅在瓦斯压力的作用下发生扩展的条件为[27,214]：

$$p-\sigma_r \geqslant \frac{K_{IC}}{2\sqrt{a}} \tag{6-42}$$

式中，p 为孔隙内瓦斯压力，σ_r 为孔洞内提供的径向支撑力，K_{IC} 为煤体的断裂韧度，a 为煤体内裂隙的半径。

假设煤体内裂隙为椭圆形，那么裂隙在瓦斯作用下的扩展条件为[222]：

$$2(\frac{a}{b}-1)p-\sigma_r=\sigma'_t \tag{6-43}$$

式中，a、b 分别为椭圆的长、短半轴，σ'_t 为煤体的有效抗拉强度。

通过求解裂隙边缘切向应力可以得到，最大拉应力出现在长半轴端点[222]，也就是说裂隙从椭圆的长半轴端点开始扩展。

无论是哪种模型，瓦斯压力越大裂隙越容易发生扩展，导致其长度增加，使得煤体内裂隙更加容易扩展，但是每一次裂隙的扩展都会释放一定的瓦斯，后续瓦斯解吸速度对于保证裂隙内的瓦斯压力至关重要。通常压出发生时，瓦斯压力不会非常高，因此也不会造成煤体持续不断的破裂。

以上两式是只考虑瓦斯压力的作用时，裂隙的破裂准则，当煤体同时承受瓦斯压力和应力时，孔隙裂隙周围的受力情况则变得较为复杂。假设煤体内存在椭圆形裂隙，如图 6-31 所示，可以得到裂隙的扩展条件[29]：

$$\frac{(\sigma_1-\sigma_2)^2}{8(\sigma_1+\sigma_2-p)}-T_0 \geqslant 0, \sigma_1+3\sigma_2>4p \tag{6-44}$$

$$p-\sigma_2-T_0 \geqslant 0, \sigma_1+3\sigma_2<4p \tag{6-45}$$

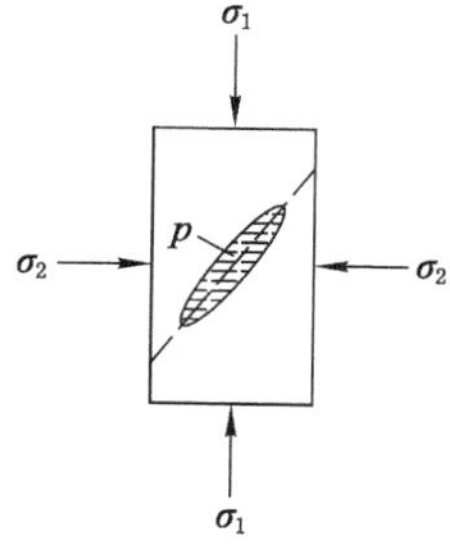

图 6-31　煤体裂隙受力示意图

在上述破裂准则的推导过程中，没有包括裂隙与主应力的夹角，因此破裂准则与裂隙的倾角无关。σ_1 和 σ_2 相当于煤层中的垂直应力和径向应力，通过上式可以看出，瓦斯压力和应力越大裂隙越易于发生扩展。

6.4　本章小结

本章对煤与瓦斯压出发生的机理进行了研究，分析了压出孕育及发生过程，确定了压出研究目标区域，分析了压出发动和发展机理，得到了以下主要结论：

(1) 压出孕育过程中,应力、瓦斯压力和煤体破裂状态随采掘工作面的推进不断转移变化,当遇到异常地质条件时,应力和瓦斯压力转移出现停滞,卸压区提供的支撑力不足以保证煤体稳定时,发生煤与瓦斯压出。根据煤与瓦斯压出时应力、瓦斯和煤体破裂条件变化特征将其划分为准备、发动、发展和终止四个阶段。基于工作面前方应力分布规律和煤体破裂状态,确定工作面前方极限平衡区为压出发生演化过程的研究目标区域。

(2) 基于弹塑性断裂力学,计算得到了含瓦斯煤体裂纹扩展临界角度和方位角,推导得到了考虑游离瓦斯和吸附瓦斯的煤体强度准则,并分析了裂纹扩展长度与三向应力的关系。研究了工作面生产过程中前方煤体层裂结构的形成过程,以及工作面片帮和割煤时层裂结构的影响;分析了煤与瓦斯压出发动层裂结构大体区域,计算了考虑瓦斯作用的煤体层裂结构所能承受的最小载荷以及破坏前积聚的能量,得到了煤与瓦斯压出发动时的能量条件;分析了煤体剪切滑移线形成过程及煤与瓦斯压出发动时煤体失稳破裂形式;分析了卸压区作业、应力集中区作业和应力波三种扰动形式下的煤体应力变化规律。

(3) 研究了压出发展过程中煤体破裂形式及残留孔洞形状,分析了煤体破裂过程中应力、瓦斯压力的变化规律及残留孔洞形成原因,得到了煤与瓦斯压出的终止条件,揭示了煤体发生逐层破裂的机理。

7　煤与瓦斯压出灾害分析及防治应用

通过试验、模拟和理论分析研究得到了压出的发生演化机理，然而现场实际的煤与瓦斯压出和实验室尺度下的试验存在较大的不同，因此本章针对采煤工作面发生的压出灾害进行分析，得到影响煤与瓦斯压出事故发生的主要因素，基于分析结果，对工作面危险性进行划分，并制定有效的治理措施进行现场试验。

7.1　煤与瓦斯压出事故分析

7.1.1　试验现场概况

平煤二矿庚$_{20}$煤层位于太原组下部灰岩段的上部，上距己$_{16\text{-}17}$煤层49.64～67.17 m，平均 53.34 m。全井田发育，层位稳定，煤厚 0.26～3.9 m，平均 1.52 m，倾角 6°～15°，煤层可采性指数 0.86，煤厚变异系数 48.07%，属较稳定大部分可采煤层。

除南部相对较薄外，区内大部分地段煤厚较稳定。煤层结构较复杂，一般含1～3 层夹矸，其中煤层上部一层夹矸较稳定，厚 0.2 m。煤层顶板为 L5 灰岩，底板为泥岩或 L6 灰岩。

庚$_{20}$煤为黑色，条痕为棕黑色，玻璃光泽，条带状结构，层状构造，性脆，内生和外生裂隙均较发育，成粉末和碎块状，煤质以半亮型粉末状为主，平均视密度为 1.35 g/cm^3，煤种为肥煤。

平煤二矿庚$_{20}$-21050 采煤工作面位于矿区二水平庚一采区东翼中部，东到一矿工业广场保护煤柱线，西到庚一胶带下山，南邻庚$_{20}$-21030 采空区，北隔一个区段与庚$_{20}$-21090 采煤工作面相邻。采煤工作面可采走向长度平均 845 m，切眼长 176 m。回采面积 148 978.4 m^2。南邻庚$_{20}$-21030 采空区，北隔一个区段与庚$_{20}$-21090 采煤工作面相邻。地面位于落凫山东坡，石油公司西北约 500 m处，地面无建筑物。地面标高＋320～＋470 m，采面标高－380～－420 m，回采深度 740～850 m。工作面走向 113°，倾向 23°，平均倾角 9.5°。

庚$_{20}$-21050 采煤工作面绝对瓦斯涌出量 6.0 m^3/min，相对瓦斯涌出量 2.56 m^3/t，可采储量 373 000 t。直接顶板为深灰色厚层状石灰岩(L6)，平均厚度为 4.2 m，局部裂隙发育，坚硬性脆，其上为厚度 1.5 m 的深灰色砂质泥岩，再上为厚度 1.0 m 的庚$_{19}$煤层。直接底板为灰色砂质泥岩，平均厚度 1.7 m，其下为深灰色石灰岩，厚度为 3.23 m。采煤工作面以小断层为主。庚$_{20}$-21050 工作面布置如图 7-1 所示。

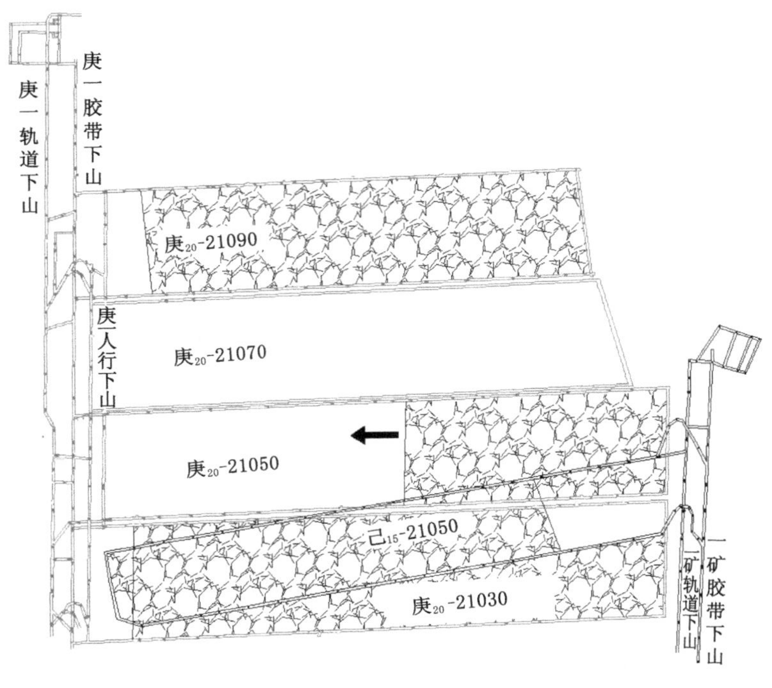

图 7-1　工作面布置示意图

7.1.2　压出事故

（1）事故概况

2011 年 3 月 24 日 5 时，庚$_{20}$-21050 工作面推进到 140 m，采煤机从机尾往机头运行，5 时 56 分采煤机运行到 68# 支架左右听到了不连续 3 声煤炮，随即 68#～75# 支架之间（12 m 长）发生煤与瓦斯压出，煤体被压出时，现场工作人员能够明显观测到煤体缓慢外鼓被压出的过程，没有明显的煤体抛运，采煤工作面及上巷工作人员立即撤离。事故发生后计算，压出煤体及岩石量共 29 t，压出距离为 2.3 m，坡度 28°，煤体无分选现象，涌出瓦斯 2 900 m^3，压出后煤层缺口形状为顺三角形。

（2）事故原因分析

结合上述灾害发生时的现象可知，此次事故属于典型的煤与瓦斯压出灾害。煤与瓦斯压出事故的发生与瓦斯、应力、煤体力学性质和外部扰动密切相关，下面从以下几个方面进行分析。

事故发生位置煤层的相对瓦斯含量 7.6 m^3/t，事故发生后，工作面瓦斯传感器显示瓦斯浓度为 1.08%，回风流中瓦斯浓度为 1.5%。根据掘进期间瓦斯浓度判断，压出发生位置瓦斯含量较高，属于庚一采区的瓦斯条带范围。瓦斯的存在会降低动力灾害发生的门槛，促使动力灾害更容易发生，同时为煤体的挤出提供能量，因此高瓦斯含量是导致灾害发生的原因之一。

根据掘进期间揭露煤层变化可知，工作面推进 140 m 处时，工作面上部煤层厚度由薄变厚，工作面下部由厚变薄，上部和下部煤层厚度变化趋势的不同使煤层倾向上厚度变化更加复杂，为能量的积聚和释放提供了便利条件，从而有利于压出的发生，发生灾害的可能性更大。

由图 7-2 可以看出，采煤工作面在 68# ～75# 处恰好位于一向斜构造过渡处，该处煤层倾向的突然变化使得局部应力分布产生变化，造成工作面应力集中现象。对于这种压性或压扭性构造，瓦斯易于聚集形成较高的瓦斯压力，且在盆底和构造隆起带形成瓦斯压力梯度差，为瓦斯的运移提供了动力。

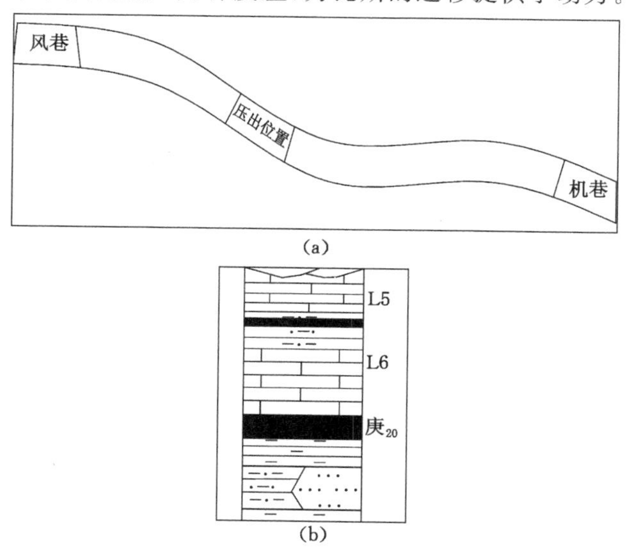

图 7-2 压出位置煤层剖面图

(a) 煤层巷道剖面；(b) 煤层地质剖面

经过计算和测试得到，工作面原始应力达到 16 MPa 左右，应力最大值接近 50 MPa，应力集中系数达到 3.1，属于高应力集中煤层。工作面回采至 140 m 时，距离上部煤层己$_{15}$-21050 工作面停采线 60 m 时，在工作面上部区域会形成应力叠加，使得应力水平进一步升高，通过数值模拟得到工作面回采至该区域时的工作面应力分布规律，如图 7-3 所示。庚$_{20}$-21050 工作面煤层松软，f 值为0.3 左右，煤层含泥岩、碳质泥岩的夹矸，抗剪强度较弱，并且其均质性较差，在外部高应力的作用下易发生破碎，而工作面恰好为高应力集中煤层。高应力的存在会极大地破坏煤层煤体，同时也会对瓦斯形成封闭效果，有可能出现在较小的范围内造成较大的瓦斯压力梯度现象。

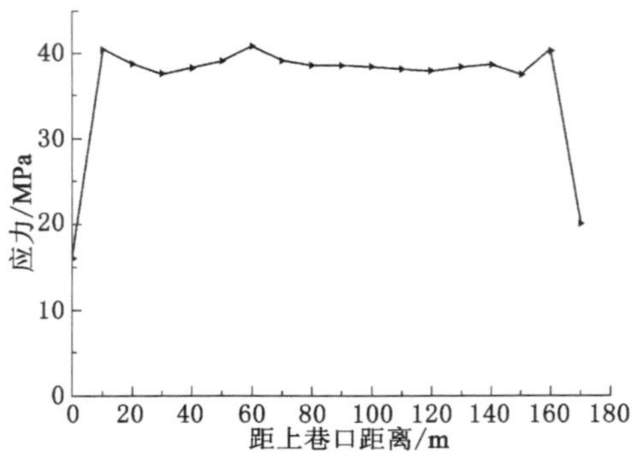

图 7-3　压出位置应力分布示意图

工作面初次来压为 40 m，周期来压步距为 33～35 m，因此工作面推进至此时，处于来压期间，顶板处于相对较活跃阶段，对工作面的煤体起到了很大的扰动效果。煤层围岩完好，在发生压出前，煤体和围岩能够积聚大量的弹性能，释放时大都作用于煤体，产生了较大的作用力。在煤层采掘过程中，受构造应力、地应力及采动应力的集中作用，在卸压作用条件形成时，构造煤快速变形并在高瓦斯压力梯度下，煤体内瓦斯迅速解吸、流动，发生动力事故。

由数值模拟可知，庚$_{20}$-21050 工作面上部保护煤柱的存在使得工作面前方应力集中值升高了 5 MPa 左右，属于主要影响因素之一；由事故现场分析可知，工作面煤壁外移，以及瓦斯的大量涌出均是在高瓦斯含量作用下发生，因此高瓦斯含量也属于主要影响因素之一；突出位置处于向斜构造接近盆地，并且煤层厚度发生变化，向斜构造为瓦斯积聚、应力叠加提供了辅助作用。综合而言，在上述影响因素中，己$_{15}$-21050 工作面余留煤柱以及高瓦斯含量是促使动力灾害发生的主要因素，构造及煤层厚度的变化是影响动力灾害发生的辅助因素。

由上述分析可知，21050 工作面 3 月 24 日发生的灾害是一起应力和瓦斯压力耦合起主要作用，外部扰动参与的煤与瓦斯压出现象。

7.2　工作面危险区域划分

7.2.1　影响因素测试

现场测试时，共测试庚$_{20}$-21050 工作面的应力和瓦斯参数。利用中国矿业大学自主研制开发的应力监测系统测试工作面应力，利用掘进期间巷道内瓦斯浓度变化反应工作面走向上瓦斯赋存规律。

7.2.1.1 应力监测结果

(1) 试验系统

应力监测系统包括应力感应系统和数据采集系统，如图 7-4 所示，应力感应系统的感应探头径向可以伸缩，能够为煤体提供一定的支承力，保证感应探头与煤体良好耦合；数据采集系统能够与矿用监测系统并网运行，实现数据的实时连续测试，并传至地面主机对数据进行及时处理分析，包括数据采集仪和线路。

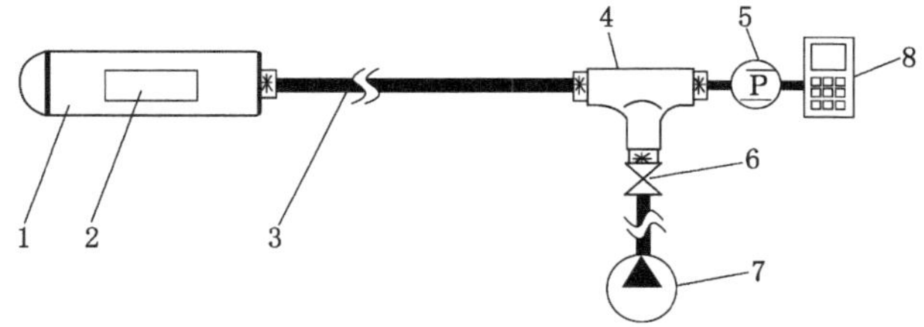

1—应力感应器；2—定向应力感应探头；3—高压油管；4—三通；
5—电子数显液压转换器；6—阀门；7—高压油泵；8—数据采集仪

图 7-4 采动应力监测系统图

(2) 安装测试方案

由庚$_{20}$-21050 工作面的位置可以看出，工作面回采过程中，上巷内煤体会受到上部己$_{15}$-21050 残留煤柱的影响，并且上区段庚$_{20}$-21030 工作面已经回采完毕，紧邻采空区，因此上巷内应力测点布置在与上覆己$_{15}$-21050 残留煤柱斜交点处；下巷内煤体周边的地质条件较为简单，布置在工作面前方区域即可。

通过前期测试工作面前方电磁辐射变化规律得出，前方的采动影响区最大时达到了 120 m，因此考虑应力感应探头与煤体耦合时间，最终选取在工作面前方 135 m 处布置应力监测系统。为了避开工作面泵站，上巷内应力监测系统安装向外平移 40 m，安装在距工作面 175 m 处。

为了能够准确掌握工作面前方应力变化规律，并且测得距煤壁不同深度处的应力值，选择了在上巷下帮布置 6 个测点，分别距采煤工作面 175 m、178 m、181 m、184 m、187 m、190 m 处，依次安装孔深为 13 m、11 m、9 m、7 m、5 m、3m 的应力感应探头；下巷上帮同样布置 6 个测点，在距采煤工作面 135 m、138 m、141 m、144 m、147 m、150 m 处，依次安装孔深为 13 m、11 m、9 m、7 m、5 m、3 m 的应力感应探头，安装位置及传感器深度如图 7-5 所示。庚$_{20}$-21050 煤层厚度 1.9 m，为了方便打钻，选择在煤层中部安装采动应力传感器，如图 7-6 所示。

(3) 测试结果

① 上巷内采动应力测试结果

现场打钻安装应力感应探头时，3 m、5 m 孔均顺利成孔，7 m 孔在钻孔施工

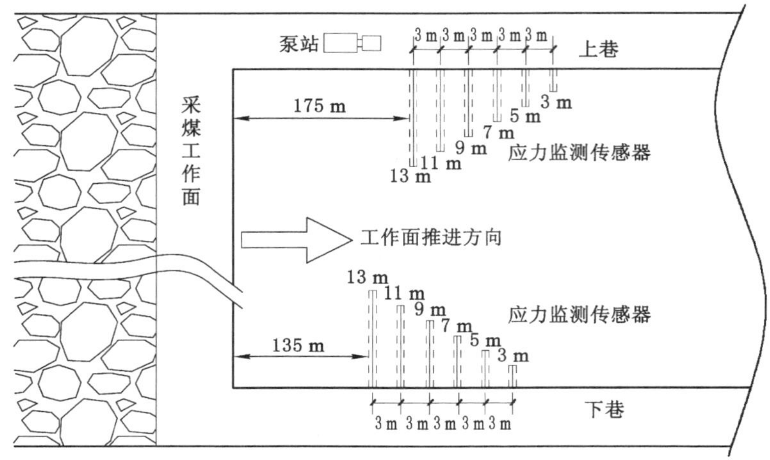

图 7-5 应力测点布置示意图

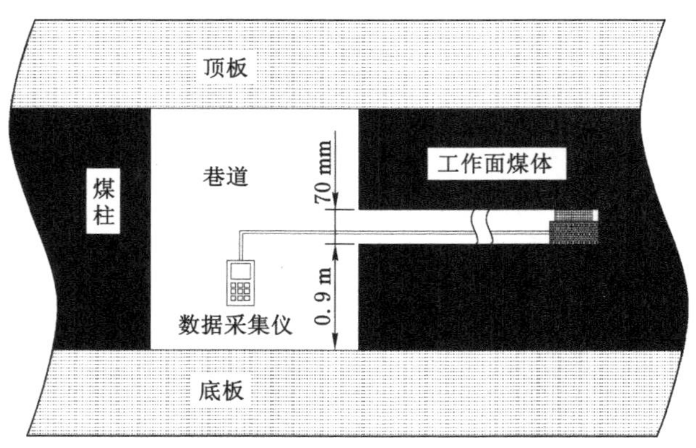

图 7-6 采动应力监测系统安装示意图

接近完成时出现了轻微的喷孔现象，9 m、11 m、13 m 孔在施工时出现了严重喷孔现象，测试有效数据较少，因此有效数据为 3 m、5 m、7 m 孔的采动应力测试结果，如图 7-7 所示。由测试结果可以看出，随工作面不断推进，前方采动应力呈现先升高后降低的趋势，且距煤壁不同深度采动应力变化规律存在差异。

由图 7-7 可知，工作面推进至距 5 m 孔测点 165 m 时应力出现升高，说明工作面回采过程最大的超前影响距离为 165 m。在工作面距测点 165～60 m 区域时，应力升高较为缓慢，采动作业对应力影响较平稳。工作面推进至测点 60 m 时，应力变化趋势出现改变，其中 3 m 测点应力数据虽然没有明显升高，但是开始波动；5 m 孔测点应力显著升高，并且升高幅度不稳定；工作面推进至距离7 m 孔测点 40 m 以内时，应力数据出现明显的波动，说明工作面回采显著超前影响

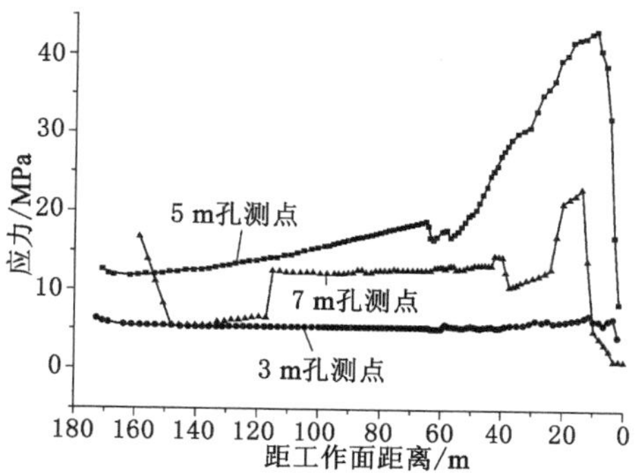

图 7-7　上巷应力测试结果

距离为 40～60 m。5 m 孔测点及 7 m 孔测点在距工作面 10～14 m 区域时，采动应力达到了最大值，由此可知，超前采动应力峰值位于工作面前方 10～14 m，为工作面采高的 5.2～7.4 倍；之后应力值逐渐降低，测点进入工作面卸压带。在整个测试过程中，3 m 孔测试数据未发生明显的升高，这说明 3 m 孔位于巷帮的松动圈内，煤体破碎严重，失去了承载能力。

由现场安装应力感应探头时的动力现象可知，距离煤壁越深打钻时出现的动力现象越严重，因此上巷下帮煤体内应力随深度增加逐渐升高。5 m 孔测点应力最大值达到 43.3 MPa，相对其初始应力 14.5 MPa，应力集中系数达到了 3.0，相对其他工作面而言较高，可以推测距煤壁更深的测点应力值和应力集中系数更大。

② 下巷内采动应力测试结果

现场生产过程中，13 m 孔遭到破坏，未监测到有效数据，其他测点测试数据如图 7-8 所示。由图 7-8(a)可知，下巷中，3 m、9 m 孔测点距工作面 110 m 处应力出现升高，说明下巷内采动最大影响范围为 110 m。在距离工作面 30 m 区域时，各测点应力值显著升高，下巷内回采工作显著超前影响距离为 30 m。工作面推进至距离测点 10～13 m 时，各测点相继达到应力最大值，说明下巷内应力集中带位于工作面前方 10～13 m 区域，为工作面采高的 5.2～6.8 倍；之后各测点应力值出现下降，测点进入工作面前方卸压带。3 m 孔测点在测试过程中，应力升高幅度不大，说明此区域内煤体承压能力较弱，属于巷帮卸压带。

图 7-8(b)所示为工作面推进至与测点不同距离处，下巷内各测点倾向应力变化规律。由图 7-8(b)可以看出，工作面距离测点较远时，各测点位置受力均匀，应力值相差不大；工作面回采至 40～50 m 处，各测点应力相继升高，并且应力增幅产生差异，7 m、9 m、11 m 孔测点应力值升高幅度大多数时间较 3 m 和 5 m孔测点大。随工作面不断向前推进，靠近自由空间的煤体横向应力较小，煤

体受力时容易发生塑性变形破坏，无法承受较大应力，应力向煤体内部转移，从而在距煤壁一定深度处形成应力集中带，由图 7-8(b)可以看出，下巷上帮煤体内应力集中区距煤壁 7～11 m。在整个回采过程中，9 m 孔测点应力值最大达到 29.8 MPa，应力集中系数达到 2.0，与正常采煤工作面相差不大。

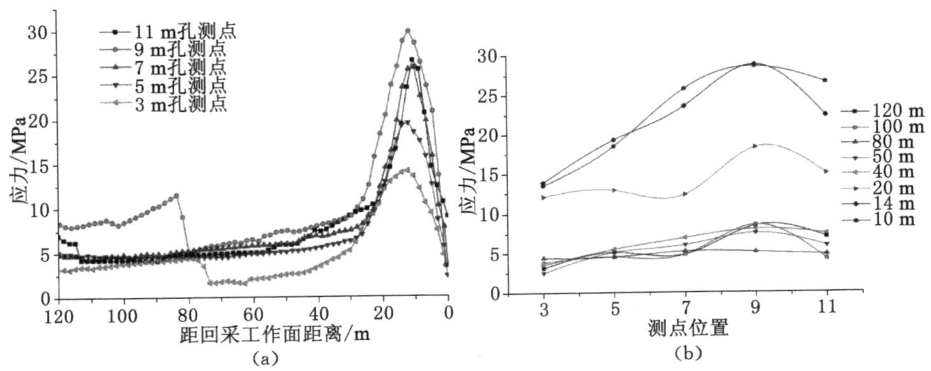

图 7-8　下巷应力测试结果

(a) 走向应力测试结果；(b) 倾向应力变化规律

利用 GS$^+$ 软件绘制下巷上帮煤体内应力分布图，如图 7-9 所示。由图 7-9(a)可以看出，在距离工作面 44～131 m 区域，工作面应力变化不大，在走向方向和倾向方向波动不明显；距离工作面前方 44 m 以内应力在走向和倾向方向上波动较为剧烈，并且距离工作面越近，等值线越来越密集，走向和倾向两个方向上应力梯度越来越大。走向方向，工作面前方 14 m 附近区域应力梯度最大；倾向方向，小于 5 m 的区域，应力变化较为平缓，应力梯度较小；深度超过 5 m时，应力变化逐渐剧烈，应力梯度也逐渐升高，9 m 附近区域应力波动尤为剧烈。由图 7-9(b)可以看出，远离工作面处的煤层应力较为平稳，进入超前采动影响区域后应力升高幅度较大，在 30 m 距离内升高到最大值。工作面前方显著影响距离以内应力值远远大于显著影响区域外的应力值，并且在距离巷帮 9 m处存在沿走向的应力集中带，与工作面前方沿倾向应力集中带形成了“尖点”，结合图 7-9(b)所示应力梯度变化情况可知，在“尖点”附近区域煤体在高应力和高应力梯度作用下煤体易于产生破裂，发生动力现象的危险性相对下部其他区域较高。

通过分析采煤工作面两端应力沿走向和倾向的分布规律可以看出，工作面上部和下部应力分布及变化规律相差较多，与正常工作面回采和孤岛工作面回采[223-224]相比，工作面上部和下部之间的应力变化差异性更大。

对工作面进行危险性分析时，是针对工作面完整走向的，必须掌握整个工作

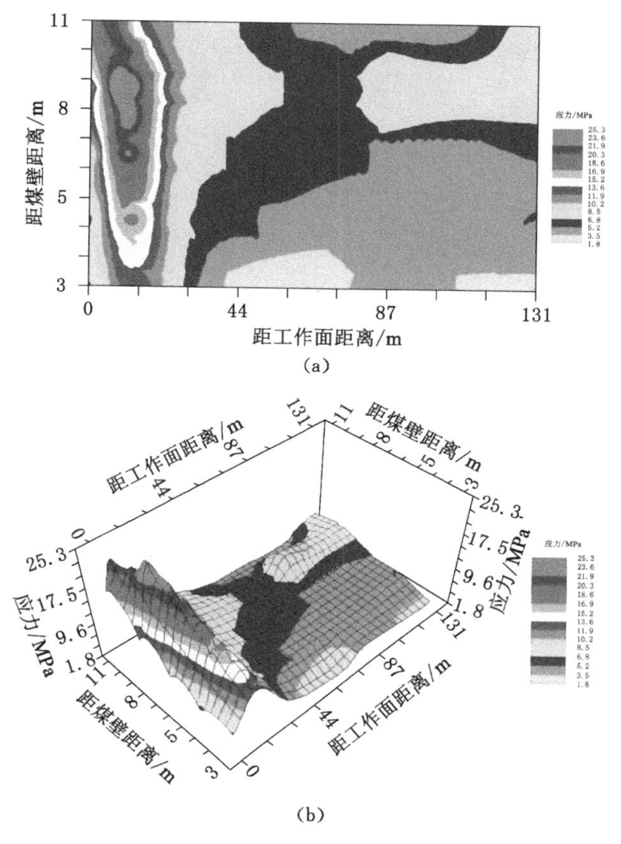

图 7-9 下巷采动应力分布图

(a) 工作面应力分布平面示意图；(b) 工作面应力分布立体示意图

面走向的应力分布规律，因此建立了数值模型对工作面回采过程中应力峰值的分布及变化规律进行了分析，结果如图 7-10 所示。工作面回采过程中应力峰值始终较大，存在三个明显的集中区，一是位于距离停采线 605～715 m 区域，应力最大值达到了 52 MPa，这是因为上覆己$_{15}$-21050 工作面停采煤柱对工作面应力叠加造成了应力集中所致；二是距停采线 375～305 m 区域，最大达到了 50 MPa，这是因为上覆己组煤残留煤柱所致；三是距离停采线 0～85 m 区域，最大达到了 50 MPa，这是因为回采后期，工作面煤柱越来越小，上覆煤岩层的载荷并没有减小，使工作面应力峰值不断升高。

7.2.1.2 瓦斯测试结果

工作面沿走向的瓦斯参数选择用工作面掘进时的瓦斯浓度来代替，工作面掘进时煤壁都是新暴露煤体，并且没有采取超前钻孔预抽工作面内的瓦斯，因此

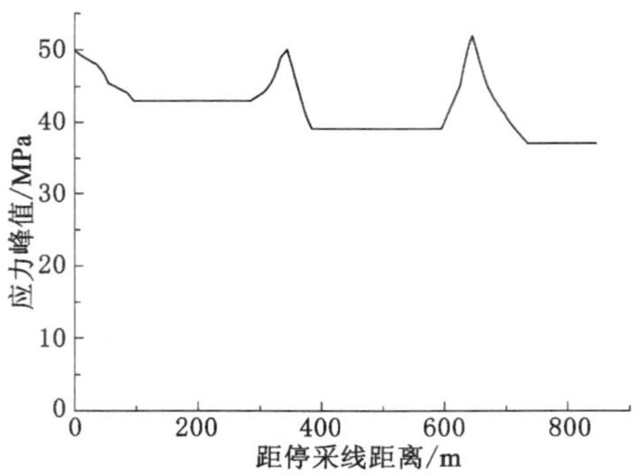

图 7-10　回采过程中应力峰值变化

掘进期间的瓦斯浓度能够基本反映工作面瓦斯的分布规律。掘进期间瓦斯浓度如图 7-11 所示。由瓦斯浓度变化规律可知，在上巷和下巷内，瓦斯浓度都存在两个较高的区域，但是位置并不相同，形成的高瓦斯条带在工作面呈倾斜分布，与庚一采区瓦斯分布规律相同。

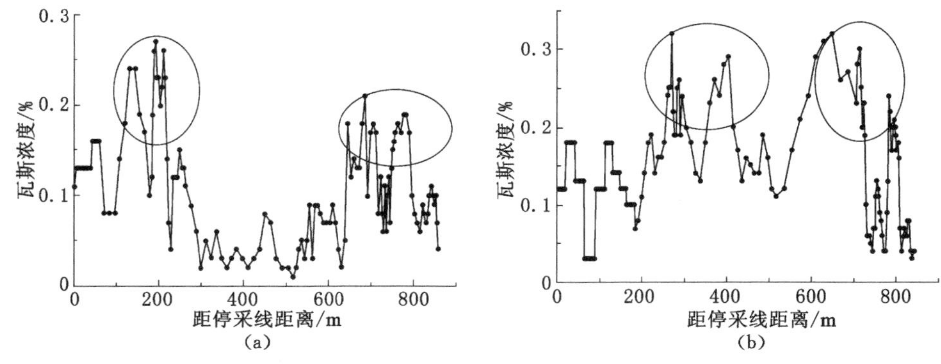

图 7-11　掘进过程中瓦斯浓度曲线

(a) 上巷；(b) 下巷

7.2.1.3　煤层地质条件测试

煤体力学性质主要包括煤体强度、煤体厚度（特别是软分层厚度）等参数，本书选取了煤层厚度和工作面不同位置处 f 值的变化规律。煤层厚度采用地质人员在掘进过程中测试数据。f 值是从工作面不同位置处取煤样，带回实验室进行测试所得。在取煤样时工作面回采已经进行了一段距离，所以沿整个工作面走向的煤层 f 值无法准确获得，测试所得到的数据可以为未回采的煤体提供参考。煤层厚度和 f 值测试结果如图 7-12 和图 7-13 所示。

由图 7-12 可以看出，工作面上巷内煤层厚度最大处达到 2.3 m，最小处

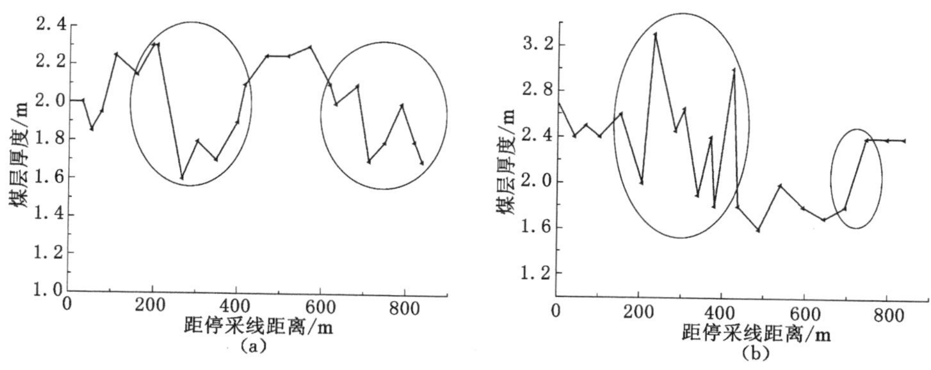

图 7-12　煤层厚度变化

(a) 上巷；(b) 下巷

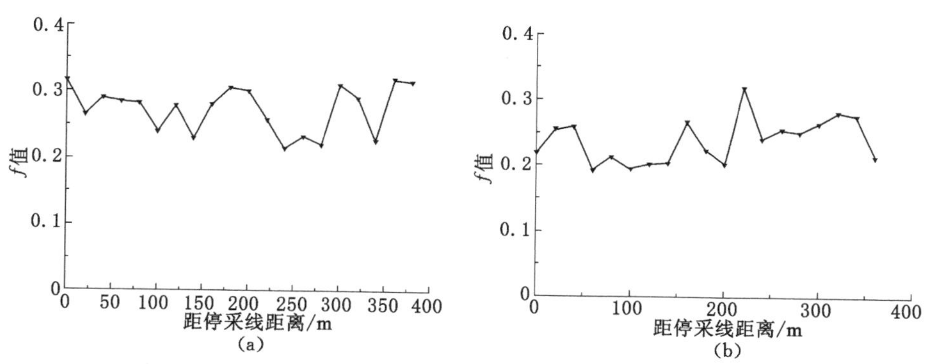

图 7-13　煤层 f 值测试结果

(a) 上巷；(b) 下巷

1.6 m，存在两个煤层厚度变化较为明显的区域；下巷内煤层厚度最大处达到3.2 m，最小处 1.6 m，并且在较短的进尺距离内煤层厚度出现了明显的变化，在距停采线 400～600 m 区域内，煤层厚度不断变化。对比两巷煤层厚度的变化规律可知，下巷内煤层厚度的变化较上巷大。由图 7-13 可知，煤层的 f 值相对比较稳定，大部分位于 0.2～0.3 之间。在取煤样时，主要是从软分层取煤，因此煤层 f 值偏低，通过实际的观察工作面煤体内仍然具备一定的黏结力，能够承担一定的上覆岩层的重力。

7.2.2　工作面危险性分析

工作面区域危险性划分需要选取适当的指标，并确定合适的临界值。压出的发生与应力、瓦斯和煤层地质条件密切相关，因此本书选择回采过程中工作面前方应力峰值、瓦斯条带区及煤层厚度和 f 值的变化作为分析因素。工作面回采至 140 m 位置处发生了压出事故，以此确定应力峰值和瓦斯浓度的临界值，分别为 40 MPa 和 0.16%。工作面沿走向存在两个煤层厚度剧烈变化区域，如图 7-12 所示。

依据庚$_{20}$-21050 工作面上巷掘进期间瓦斯浓度变化规律可知，上巷内瓦斯浓度超过 0.16%的区域为：距停采线 119～218 m、645～717 m、754～796 m；工作面应力峰值超过 40 MPa 的区域为：距停采线 0～400 m、595～735 m；根据煤层 f 值变化规律可以得出，煤层 f 值在 0.23～0.32 之间变化，煤层强度较小或者煤体强度变化较大时，都易于发生动力现象，因此基于煤层 f 值变化确定出易于发生动力现象的区域为：距停采线 80～160 m、220～300 m；煤层厚度发生变化的区域属于动力现象较易出现的区域，取煤层厚度变化超过 0.5 m 时，工作面危险性较高，因此可以得出煤层厚度变化剧烈的区域为：距停采线 0～150 m、225～400 m、600～800 m。在上巷内某一区域有三个参数位于危险范围，规定该区域为危险区域；有一个或两个位于危险范围，规定该区域为威胁区域；所有参数都处于安全状态时，规定为安全区域，因此可以得到上巷内动力危险区域为距停采线 20～218 m、595～735 m，动力威胁区域为距停采线 0～20 m、218～400 m、750～815 m，其他区域为正常区域。

与上巷相似，可以分别确定出下巷内动力危险区域为距停采线 40～240 m、595 m～720 m，动力威胁区域为距停采线 0～40 m、240～415 m、780～800 m，其他区域为正常区域。因此庚$_{20}$-21050 工作面动力区域划分如图 7-14 所示。

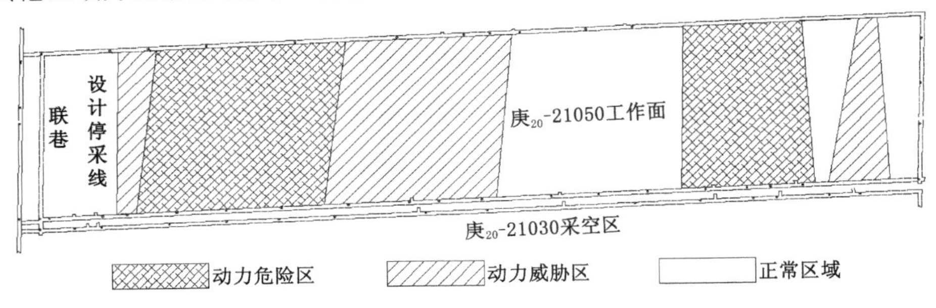

图 7-14　工作面动力区域划分图

在实际的生产中，动力灾害的发生始终是少数，但是会出现其他一些局部的动力现象，例如喷孔、卡钻、片帮，因此为了考察应力、瓦斯和煤体力学性质对动力现象的影响，将回采过程中动力现象发生的位置与图 7-14 所示的动力危险区域划分结果进行对比，如图 7-15 所示。将工作面回采过程中出现的喷孔、卡钻等现象以点的形式描绘在图上，可以看出，在进入危险区域和威胁区域后动力现象显现的频次明显升高，并且在工作面回采进入危险区域后，打钻和回采过程中煤炮频繁。

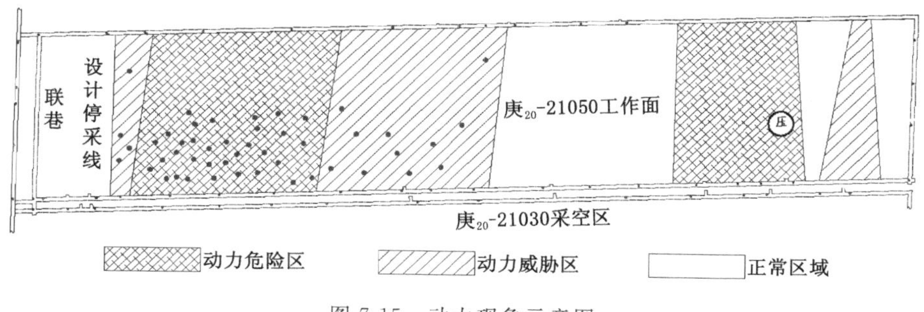

图 7-15　动力现象示意图

7.3　煤与瓦斯压出灾害防治措施

根据庚$_{20}$-21050 工作面动力现象的主要影响因素分析，制定了动力现象防治措施，在每次回采进尺前施工长距离钻孔，以达到释放应力和瓦斯压力的效果，并进行了效果检验。

7.3.1　卸压措施

根据采动应力测试结果可以得到，工作面前方应力峰值位置在 15 m 以内，考虑到工作面应力集中区的区域，设计制定深度为 18 m，直径为 89 mm 的钻孔，回采活动处于正常区域时，每隔一架液压支架布置一个钻孔；回采活动进入动力危险区和动力威胁区后，工作面每一液压支架布置一个，如图 7-16 所示。

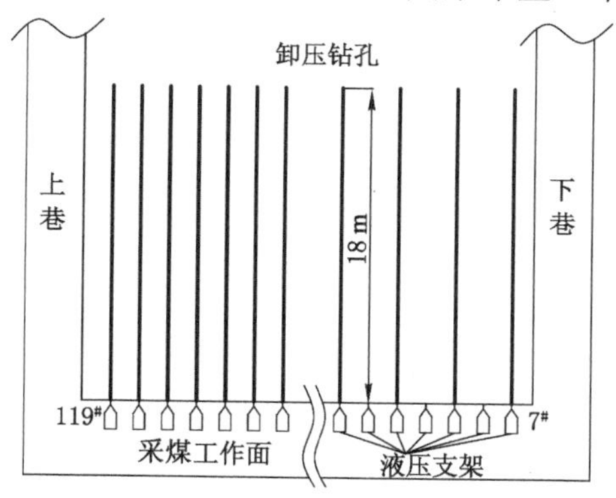

图 7-16　钻孔布置图

7.3.2　卸压措施效果检验

本书通过数值计算应力值、电磁辐射值、Δh_2和钻屑量 S 检验现场钻孔施工前后卸压效果，如图 7-17 所示。由图 7-17(a)可以看出，卸压措施采取前后工作面前方应力值显著降低，应力峰值从 35 MPa 降低至 25 MPa，并且应力峰值距

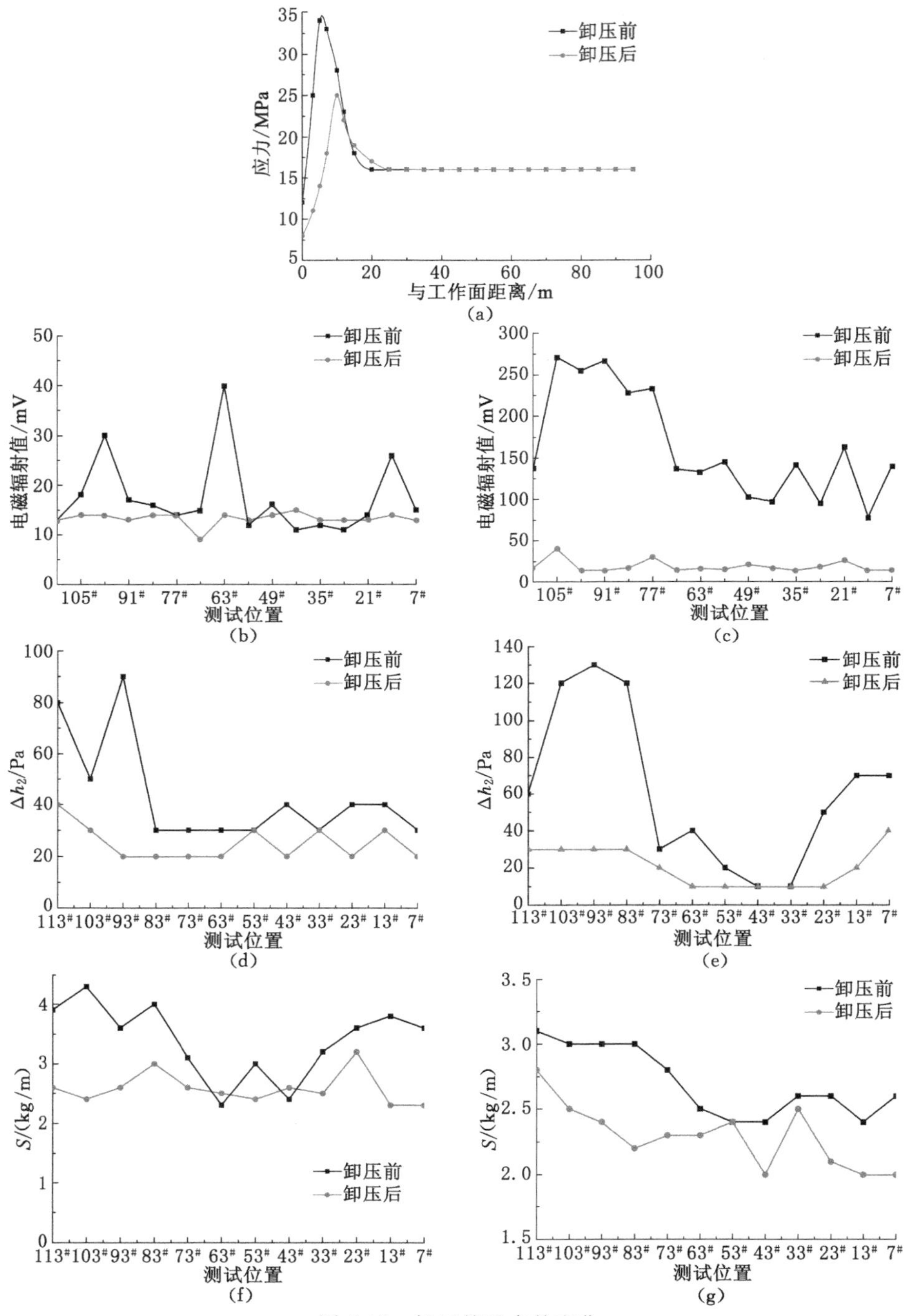

图 7-17　卸压前后参数变化

(a) 应力;(b),(c) 不同时间电磁辐射值;(d),(e) 不同时间 Δh^2;(f),(g) 不同时间 S 值

工作面的距离也向深部转移，能够有效地降低工作面发生压出的危险性。由图 7-17(b)可以看出，施工卸压钻孔之前工作面电磁辐射值波动明显，最大值达到了 40 mV，卸压完成后电磁辐射值明显降低，并且较平稳，保持在 15 mV 以下；图 7-17(c)所示卸压前电磁辐射值保持在 100 mV 以上，而卸压完成后电磁辐射值降至 25 mV 左右，并且变化平稳。与电磁辐射值变化规律相似，Δh_2 和钻屑量 S 卸压前后表现出明显的降低。

7.4 本章小结

本章针对采煤工作面发生的压出灾害进行分析，得到影响煤与瓦斯压出事故发生的主要原因，基于分析结果，对工作面危险性进行划分，并制定有效的治理措施进行现场试验。

(1) 采煤工作面发生的煤与瓦斯压出灾害是一起由地应力和瓦斯压力耦合起主要作用，外部扰动参与的现象，得到了影响其发生的主要原因是应力、瓦斯压力和煤层条件变化。

(2) 测试分析了采煤工作面应力、瓦斯分布及煤层条件的变化规律，对工作面进行了危险性划分。工作面上巷和下巷应力变化规律相差较大，回采过程中应力峰值最大达到 50 MPa。工作面瓦斯沿倾向呈斜条带分布，距停采线 400～600 m 区域内，煤层厚度变化剧烈。根据工作面应力峰值、瓦斯分布、煤层厚度的变化将工作面划分为动力危险区、动力威胁区和正常区域，并在后续的生产中得到了验证。

(3) 针对动力危险区、动力威胁区和正常区域制定了不同的防治措施，有效降低了工作面发生压出的危险性。

8 主要结论及展望

8.1 主要结论

随着煤矿开采活动向深部发展，地应力和瓦斯压力越来越大，应力、瓦斯压力和煤体耦合规律越来越复杂，煤岩动力灾害发生的频次越来越多，对煤矿安全生产造成的威胁越来越大，应力和瓦斯耦合共同作用诱发的压出动力灾害日趋增多，而针对其发生及演化机理研究较少。本书建立煤岩动力现象模拟试验系统，试验研究不同煤岩动力现象的显现特征，分析压出过程中应力和瓦斯压力的变化规律及影响因素；研究含瓦斯煤体层裂结构的形成过程，建立煤与瓦斯压出层次破坏演化模型；分析影响现场煤与瓦斯压出灾害的关键因素，对现场工作面危险性进行划分，提出防治措施。全书主要取得了以下研究成果：

（1）建立了煤岩动力现象模拟试验系统，试验研究了不同煤岩动力现象的显现特征。煤与瓦斯压出抛出煤体距离较小，造成的动力效应不明显，煤体破裂压出后进一步发生剪切破坏；煤与瓦斯突出煤体破碎程度最大，抛出距离大并且具有明显的方向性；含瓦斯煤冲击破坏煤体破裂成块体，煤体迸出并且破裂面较为齐整。

（2）分析了煤岩动力现象显现特征不同的原因。造成煤岩动力现象显现特征不同的原因主要包括煤体性质变化和作用力变化两个方面，煤体强度的变化会影响能量的储存、耗散以及释放，并且在高应力和高瓦斯压力的作用下，煤体会由脆性向延性变化，变化的条件与煤体自身力学性质和所处应力、瓦斯压力状态密切相关；作用力的转变是指煤体内积聚的弹性能和瓦斯潜能消耗和释放的比例不同。

（3）研究了煤体压出过程中的应力、瓦斯压力和煤体破裂形态的变化规律。煤体发生压出是一个较为缓慢的过程，应力和瓦斯压力的释放需要较长的时间，压出阵面推进前方应力呈现先升高后降低的规律；瓦斯压力释放速度在压出口附近明显大于远离压出口的瓦斯压力释放速度，并且瓦斯压力释放是连续发生的；煤体发生层裂破坏，压出的煤体保持了较大的块度，煤体内残留孔洞较小，有时不存在。

(4) 研究了不同应力、瓦斯压力、煤体条件、顶底板强度对于压出的影响。压出发生的规模和煤体的破裂程度随瓦斯压力、应力的升高而增大,残留的孔洞从无到有并逐渐增大;压出发生规模和煤体破裂程度随煤体强度的升高而减小,残留孔洞从大到小趋于消失;应力和瓦斯压力随其自身的升高,参与程度逐渐增加;顶底板岩石强度越大,煤体变形破裂越严重。

(5) 模拟研究了回采过程中不同地质条件下工作面应力、瓦斯压力和煤体塑性变形区的变化规律,并分析了压出发生的危险性。研究结果表明:工作面前方应力峰值、应力梯度、瓦斯压力梯度以及煤体塑性变形区随埋藏深度的增加而增加;随煤层厚度的增加,工作面应力峰值和应力梯度减小,瓦斯排放带和煤体塑性变形区增大;随煤体强度的升高工作面前方应力梯度和瓦斯压力梯度升高,工作面前方应力峰值变化不明显;瓦斯压力的升高使得工作面前方应力峰值、应力梯度降低,瓦斯压力梯度和煤体塑性变形区升高。煤体发生压出的危险性随埋藏深度、瓦斯压力的增加而升高,随煤层厚度和煤体强度的增加而降低。

(6) 建立了煤与瓦斯压出层次破裂失稳模型。分析了应力、瓦斯和煤体破碎区随工作面回采的转移变化规律,当工作面前方出现异常状况,应力、瓦斯及煤体破碎区转移停滞,容易诱发动力现象;根据煤与瓦斯压出时应力、瓦斯和煤体破裂条件变化特征将其划分为准备、发动、发展和终止四个阶段。基于弹塑性断裂力学计算得到了含瓦斯煤裂纹的临界扩展角度及方位角,推导得出了考虑游离瓦斯和吸附瓦斯的煤体强度准则,分析了裂纹扩展长度与三向应力的关系。以工作面前方极限平衡区为对象,研究了煤体层裂结构形成过程以及不同外界扰动形式对煤体稳定性的影响,计算得到了含瓦斯层裂结构失稳破裂的临界载荷,分析了压出发动条件及煤体破裂失稳形式。研究得到了压出发展过程中煤体发生逐层破坏的形式及应力、瓦斯压力演化规律,分析了煤体孔洞形成原因,揭示了压出过程中煤体逐层破坏失稳机理。

(7) 分析得到了导致现场煤与瓦斯压出灾害发生的关键因素包括应力、瓦斯压力和煤层参数变化。基于此对工作面进行了危险区域划分,并且后续生产中显现的动力现象验证了工作面危险区域划分结果。根据工作面危险区域划分结果,针对动力危险区域、动力威胁区域和正常区域制定了有针对性的防治措施,保证了工作面回采生产的安全。

8.2 创新点

(1) 建立了煤岩动力现象一体化模拟试验系统,试验研究并揭示了煤与瓦斯压出、煤与瓦斯突出和含瓦斯煤冲击破坏三种动力现象的煤体破坏形式、动力效应的差异。

(2) 研究得到了初始应力、瓦斯压力、煤体强度和顶底板条件等对压出的影响规律,揭示了煤与瓦斯压出的应力、瓦斯压力和煤体破裂耦合变化规律,发现了煤与瓦斯压出是相对较缓慢的动力现象。

(3) 研究得到了含瓦斯煤体裂纹扩展临界角度、方位角以及考虑游离瓦斯和吸附瓦斯的煤体强度准则,建立了煤与瓦斯压出固-气逐层破坏的失稳演化模型,获得了压出发动的载荷和能量条件,揭示了应力、瓦斯压力和煤体破裂的逐层变化过程。

8.3 展　　望

本书从实验室试验、数值模拟、理论分析三个方面对煤与瓦斯压出发生过程中应力、瓦斯压力及煤体破裂规律及其影响因素进行了分析,建立了煤与瓦斯压出层次破裂演化模型,并进行了现场试验,取得了一些创新性的成果,但是由于试验条件及理论认识方面的限制,针对煤与瓦斯压出的发生发展还需要从以下几个方面进行深入研究。

(1) 由于试验模具的尺寸限制,煤与瓦斯压出的发展过程较为短暂,煤体内部应力转移和瓦斯补给的效果观察不明显,因此在之后的研究中应当设计制作更大尺寸的模具,能够保证煤与瓦斯压出发展持续一段时间,从而观察压出发展过程的应力、瓦斯压力和煤体破裂情况的发展规律。

(2) 煤与瓦斯压出从孕育到发生受采场内多个因素影响,例如构造、煤层厚度变化等地质条件,本书的试验研究对于压出发生的初始条件进行了简化,因此在以后的研究中应通过试验模拟以上条件对煤与瓦斯压出的影响。

(3) 煤与瓦斯压出的发生及发展是一个复杂的过程,本书从压出的发动和发展过程进行了分析,其中对于煤与瓦斯压出的发动位置进行了定性分析,期望以后能从量化的角度来分析压出发动的位置,确定可能发生压出的区域及位置后,及时制定相应的防治措施,消除发生压出的危险性。

参考文献

[1] 许萍,杨晶. 2018 年中国能源产业回顾及 2019 年展望[J]. 石油科技论坛,2019,38(1):8-19.

[2] 中国煤炭工业协会. 2018 煤炭行业发展年度报告[R]. 北京:中国煤炭工业协会,2019.

[3] 中国能源中长期发展战略研究项目组. 中国能源中长期(2030、2050)发展战略研究:节能·煤炭卷[M]. 北京:科学出版社,2011.

[4] 王超. 基于未知测度理论的冲击地压危险性综合评价模型及应用研究[D]. 徐州:中国矿业大学,2011.

[5] 何满潮,谢和平,彭苏萍,等. 深部开采岩体力学研究[J]. 岩石力学与工程学报,2005,24(16):2803-2813.

[6] HE Xueqiu,SONG Li. Status and future tasks of coal mining safety in China[J]. Safety science,2012,50(4):894-898.

[7] 胡千庭,孟贤正,张永将,等. 深部矿井综掘面煤的突然压出机理及其预测[J]. 岩土工程学报,2009,31(10):1487-1492.

[8] 俞启香. 矿井瓦斯防治[M]. 徐州:中国矿业大学出版社,1992.

[9] 于不凡. 谈谈煤和瓦斯突出的机理[J]. 煤炭科学技术,1979,7(8):34-42.

[10] 于不凡. 煤和瓦斯突出与地应力的关系[J]. 工业安全与防尘,1985,11(3):2-6.

[11] 于不凡. 煤和瓦斯突出机理[M]. 北京:煤炭工业出版社,1985.

[12] 郑哲敏. 从数量级和量纲分析看煤与瓦斯突出的机理[C]//郑哲敏. 郑哲敏文集. 北京:科学出版社,2004:11-15.

[13] LITWINISZYN J. A model for the initiation of coal-gas outbursts[J]. International journal of rock mechanics and mining science & geomechanics abstracts,1985,22(1):39-46.

[14] PATERSON L. A model for outburst in coal[J]. International journal of rock mechanics and mining science & geomechanics abstracts,1986,23(4):327-332.

[15] 李中成. 煤巷掘进工作面煤与瓦斯突出机理探讨[J]. 煤炭学报,1987,12

(1):17-27.
[16] 李萍丰.浅谈煤与瓦斯突出机理的假说:二相流体假说[J].煤矿安全,1989,20(11):29-35.
[17] 丁晓良,丁雁生,俞善炳.煤在瓦斯一维渗流作用下的初次破坏[J].力学学报,1990,22(2):154-162.
[18] 何学秋.含瓦斯煤岩流变动力学[M].徐州:中国矿业大学出版社,1995.
[19] 周世宁,何学秋.煤和瓦斯突出机理的流变假说[J].中国矿业大学学报,1990,19(2):4-11.
[20] 周世宁,林柏泉.煤层瓦斯赋存与流动理论[M].北京:煤炭工业出版社,1999.
[21] 林柏泉,周世宁.含瓦斯煤体变形规律的实验研究[J].中国矿业学院学报,1986,15(3):12-19.
[22] 俞善炳.恒稳推进的煤与瓦斯突出[J].力学学报,1988,20(2):97-106.
[23] 俞善炳.煤与瓦斯突出的一维流动模型和启动判据[J].力学学报,1992,24(4):418-431.
[24] 俞善炳,郑哲敏,谈庆明,等.含气多孔介质的卸压破坏及突出的极强破坏准则[J].力学学报,1997,29(6):1-6.
[25] 方健之,俞善炳,谈庆明.煤与瓦斯突出的层裂-粉碎模型[J].煤炭学报,1995,20(2):149-153.
[26] 赵国景,步道远.煤与瓦斯突出的固-流两相介质力学理论及数值分析[J].工程力学,1995,12(2):1-7.
[27] 蒋承林,俞启香.煤与瓦斯突出的球壳失稳机理及防治技术[M].徐州:中国矿业大学出版社,1998.
[28] 蒋承林,郭立稳.延期突出的机理与模拟试验[J].煤炭学报,1999,24(4):39-44.
[29] 梁冰.煤和瓦斯突出固流耦合失稳理论[M].北京:地质出版社,2000.
[30] 梁冰,章梦涛,潘一山,等.煤和瓦斯突出的固流耦合失稳理论[J].煤炭学报,1995,20(5):492-496.
[31] 梁冰,章梦涛,潘一山,等.瓦斯对煤的力学性质及力学响应影响的试验研究[J].岩土工程学报,1995,17(5):12-18.
[32] 梁冰,章梦涛,王泳嘉.应力、瓦斯压力在煤和瓦斯突出发生中作用的数值试验研究[J].阜新矿业学院学报(自然科学版),1996,15(1):1-4.
[33] 梁冰,章梦涛.考虑时间效应煤和瓦斯突出的失稳破坏机理研究[J].阜新矿业学院学报(自然科学版),1997,16(2):129-133.
[34] BEAMISH B B,CROSDALE P J. Instantaneous outbursts in underground

coal mines: an overview and association with coal type[J]. International journal of coal geology, 1998, 35(1-4): 27-55.

[35] BUSTIN R M, CLARKSON C R. Geological controls on coalbed methane reservoir capacity and gas content[J]. International journal of coal geology, 1998, 38(1/2): 3-26.

[36] 吕绍林,何继善. 关键层-应力墙瓦斯突出机理[J]. 重庆大学学报(自然科学版),1999,22(6):80-84.

[37] 张我华,金荑,陈云敏. 煤/瓦斯突出过程中的能量释放机理[J]. 岩石力学与工程学报,2000,19(增刊):829-835.

[38] 封富. 区域地震和煤与瓦斯突出相关性研究[D]. 阜新:辽宁工程技术大学,2003.

[39] 郭德勇,韩德馨. 煤与瓦斯突出粘滑机理研究[J]. 煤炭学报,2003,28(6):598-602.

[40] 丁继辉,麻玉鹏,赵国景,等. 煤与瓦斯突出的固流耦合失稳理论及数值分析[J]. 工程力学,1999,16(4):47-53.

[41] CHOI S K, WOLD M B. A coupled geomechanical-reservoir model for the modelling of coal and gas outbursts[J]. Elsevier geo-engineering book series, 2004, 2(1): 629-634.

[42] 蔡峰. 煤巷掘进过程中煤与瓦斯突出机理的研究[D]. 淮南:安徽理工大学,2005.

[43] CAI Feng, LIU Zegong. Intensified extracting gas and rapidly diminishing outburst risk using deep-hole presplitting blast technology before opening coal seam in shaft influenced by fault[J]. Procedia engineering, 2011, 26(1): 418-423.

[44] 马中飞,俞启香. 煤与瓦斯承压散体失控突出机理的初步研究[J]. 煤炭学报,2006,31(3):329-333.

[45] 罗新荣,夏宁宁,贾真真. 掘进煤巷应力仿真和延时煤与瓦斯突出机理研究[J]. 中国矿业大学学报,2006,35(5):571-575.

[46] PAN Zhejun, CONNELL L D. A theoretical model for gas adsorption-induced coal swelling[J]. International journal of coal geology, 2007, 69(4): 243-252.

[47] 王继仁,邓存宝,邓汉忠. 煤与瓦斯突出微观机理研究[J]. 煤炭学报,2008,32(2):131-135.

[48] 陆卫东. 煤与瓦斯突出微观机理的基础研究[D]. 阜新:辽宁工程技术大学,2009.

[49] 刘保县,鲜学福,姜德义.煤与瓦斯延期突出机理及其预测预报的研究[J].岩石力学与工程学报,2002,21(5):647-650.

[50] 鲜学福,辜敏,李晓红,等.煤与瓦斯突出的激发和发生条件[J].岩土力学,2009,30(3):577-581.

[51] 陶云奇.含瓦斯煤THM耦合模型及煤与瓦斯突出模拟研究[D].重庆:重庆大学,2009.

[52] TAO Yunqi,XU Jiang,LIU Dong,et al. Development and validation of THM coupling model of methane-containing coal[J]. International journal of mining science and technology,2012,22(6):879-883.

[53] WU Shiyue,GUO Yongyi,LI Yuanxing,et al. Research on the mechanism of coal and gas outburst and the screening of prediction indices[J]. Procedia earth and planetary science,2009,1(1):173-179.

[54] HUANG Wei,CHEN Zhanqing,YUE Jianhua,et al. Failure modes of coal containing gas and mechanism of gas outbursts[J]. Mining science and technology(China),2010,20(4):504-509.

[55] LI Shugang,ZHANG Tianjun. Catastrophic mechanism of coal and gas outbursts and their prevention and control[J]. Mining science and technology(China),2010,20(2):209-214.

[56] LI Shugang,ZHAO Pengxiang,LIN Haifei,et al. Research and development of solid-gas coupling physical simulation experimental platform and its application[J]. Procedia engineering,2012,43(1):47-52.

[57] ZHANG Tianjun,REN Shuxin,LI Shugang,et al. Application of the catastrophe progression method in predicting coal and gas outburst[J]. Mining science and technology(China),2009,19(4):430-434.

[58] 李晓泉.含瓦斯煤力学特性及煤与瓦斯延期突出机理研究[D].重庆:重庆大学,2010.

[59] 李晓泉,尹光志,蔡波,等.煤与瓦斯延期突出模拟试验及机理[J].重庆大学学报,2011,34(4):13-19.

[60] 李铁,梅婷婷,李国旗,等."三软"煤层冲击地压诱导煤与瓦斯突出力学机制研究[J].岩石力学与工程学报,2011,30(6):1283-1288.

[61] 李铁,蔡美峰,王金安,等.深部开采冲击地压与瓦斯的相关性探讨[J].煤炭学报,2005,29(5):20-25.

[62] SONG Yanjin,CHENG Guoqiang. The mechanism and numerical experiment of spalling phenomena in one-dimensional coal and gas outburst[J]. Procedia environmental sciences,2012,12(1):885-890.

[63] JIN Hongwei,HU Qianting,LIU Yanbao. Failure mechanism of coal and gas outburst initiation[J]. Procedia engineering,2011,26(1):1352-1360.

[64] 林柏泉,何学秋.煤体透气性及其对煤与瓦斯突出的影响[J].煤炭科学技术,1991,19(4):50-53.

[65] CAO Yunxing, HE Dingdong, GLICK D C. Coal and gas outbursts in footwalls of reverse faults[J]. International journal of coal geology,2001,48(1/2):47-63.

[66] WOLD M B,CONNELL L D,CHOI S K. The role of spatial variability in coal seam parameters on gas outburst behaviour during coal mining[J]. International journal of coal geology,2008,75(1):1-14.

[67] LI T,CAI M F,CAI M. Earthquake-induced unusual gas emission in coalmines—a km-scale in-situ experimental investigation at Laohutai mine [J]. International journal of coal geology,2007,71(2/3):209-224.

[68] 韩军,张宏伟,霍丙杰.向斜构造煤与瓦斯突出机理探讨[J].煤炭学报,2008,32(8):908-913.

[69] 韩军,张宏伟,宋卫华,等.煤与瓦斯突出矿区地应力场研究[J].岩石力学与工程学报,2008,27(增刊2):3852-3859.

[70] HAN J,ZHANG H W,LI S,et al. The characteristic of in situ stress in outburst area of China[J]. Safety science,2012,50(4):878-884.

[71] ISLAM M R,SHINJO R. Numerical simulation of stress distributions and displacements around an entry roadway with igneous intrusion and potential sources of seam gas emission of the Barapukuria coal mine,NW Bangladesh[J]. International journal of coal geology,2009,78(4):249-262.

[72] LEI Dongji, LI Chengwu, ZHANG Zimin, et al. Coal and gas outburst mechanism of the "Three Soft" coal seam in western Henan[J]. Mining science and technology(China),2010,20(5):712-717.

[73] RAFAEL RODRÍGUEZ,CRISTOBAL LOMBARDÍA. Analysis of methane emissions in a tunnel excavated through Carboniferous strata based on underground coal mining experience[J]. Tunnelling and underground space technology,2010,25(4):456-468.

[74] 冯增朝,康健,段康廉.煤体水力割缝中瓦斯突出现象实验与机理研究[J].辽宁工程技术大学学报(自然科学版),2011,20(4):443-445.

[75] JIANG Jingyu, CHENG Yuanping, WANG Lei, et al. Petrographic and geochemical effects of sill intrusions on coal and their implications for gas outbursts in the Wolonghu Mine, Huaibei coal field, China[J]. Interna-

tional journal of coal geology,2011,88(1):55-66.

[76] NIE Baisheng,LI Xiangchun. Mechanism research on coal and gas outburst during vibration blasting[J]. Safety science,2012,50(4):741-744.

[77] LI Xiangchun,WANG Chao,ZHAO Caihong,et al. The propagation speed of the cracks in coal body containing gas[J]. Safety science,2012,50(4):914-917.

[78] 李祥春,聂百胜,何学秋.振动诱发煤与瓦斯突出的机理[J].北京科技大学学报,2011,33(2):149-152.

[79] 欧建春,王恩元,徐文全,等.钻孔施工诱发煤与瓦斯突出的机理研究[J].中国矿业大学学报,2012,41(5):739-745.

[80] GAO Jianliang,SHANG Bin. The influence of gas storage parameters on gas emission rate from borehole[J]. Safety science,2012,50(4):869-872.

[81] CHEN Shangbin,ZHU Yanming,LI Wu,et al. Influence of magma intrusion on gas outburst in a low rank coal mine[J]. International journal of mining science and technology,2012,22(2):259-266.

[82] 苗法田,孙东玲,胡千庭.煤与瓦斯突出冲击波的形成机理[J].煤炭学报,2013,38(3):367-372.

[83] 赵阳升.瓦斯压力在突出中作用的数值模拟研究[J].岩石力学与工程学报,1993,12(4):328-337.

[84] 蒋承林.煤与瓦斯突出阵面的推进过程及力学条件分析[J].中国矿业大学学报,1994,23(4):1-9.

[85] 蒋承林,俞启香.煤与瓦斯突出过程中能量耗散规律的研究[J].煤炭学报,1996,21(2):173-178.

[86] 蒋承林.煤壁突出孔洞的形成机理研究[J].岩石力学与工程学报,2000,19(2):225-228.

[87] 韩颖,蒋承林.初始释放瓦斯膨胀能与煤层瓦斯压力的关系[J].中国矿业大学学报,2005,34(5):650-654.

[88] 王浩,蒋承林,杨飞龙.仿制构造煤的初始释放瓦斯膨胀能特性研究[J].采矿与安全工程学报,2012,29(2):277-282.

[89] 程五一.煤层瓦斯渗流煤体热效应机制的研究[J].煤炭学报,2000,25(5):506-509.

[90] LI Huoyin. Major and minor structural features of a bedding shear zone along a coal seam and related gas outburst,Pingdingshan coalfield,northern China[J]. International journal of coal geology,2011,47(2):101-113.

[91] 刘明举,颜爱华,丁伟,等.煤与瓦斯突出热动力过程的研究[J].煤炭学报,

2003,28(1):50-54.

[92] 牛国庆,颜爱华,刘明举.煤与瓦斯突出过程中温度变化的实验研究[J].湘潭矿业学院学报,2002,17(4):20-23.

[93] ZHAO Fajun,LIU Mingju,PANG Xuewen,et al. Rapid regional outburst elimination technology in soft coal seam with soft roof and soft floor[J]. Safety science,2012,50(4):607-613.

[94] 景国勋,张强.煤与瓦斯突出过程中瓦斯作用的研究[J].煤炭学报,2005,30(2):169-171.

[95] 徐涛,唐春安,宋力,等.含瓦斯煤岩破裂过程流固耦合数值模拟[J].岩石力学与工程学报,2005,24(10):1667-1673.

[96] 徐涛,杨天鸿,唐春安,等.含瓦斯煤岩破裂过程固气耦合数值模拟[J].东北大学学报(自然科学版),2005,26(3):293-296.

[97] 徐涛,郝天轩,唐春安,等.含瓦斯煤岩突出过程数值模拟[J].中国安全科学学报,2005,15(1):111-113.

[98] XU T,TANG C A,YANG T H,et al. Numerical investigation of coal and gas outbursts in underground collieries[J]. International journal of rock mechanics and mining science,2006,43(6):905-919.

[99] 段东,唐春安,李连崇,等.煤和瓦斯突出过程中地应力作用机理[J].东北大学学报(自然科学版),2009,30(9):1326-1329.

[100] YANG T H,XU T,LIU H Y,et al. Stress-damage-flow coupling model and its application to pressure relief coal bed methane in deep coal seam[J]. International journal of coal geology,2011,86(4):357-366.

[101] 张玉贵.构造煤演化与力化学作用[D].太原:太原理工大学,2006.

[102] 张玉贵,张子敏,曹运兴.构造煤结构与瓦斯突出[J].煤炭学报,2007,32(3):281-284.

[103] 李利萍,潘一山.煤与瓦斯突出瓦斯射流数值模拟[J].辽宁工程技术大学学报,2007,16(增刊2):98-100.

[104] 唐巨鹏,潘一山,李成全,等.固流耦合作用下煤层气解吸-渗流实验研究[J].中国矿业大学学报,2006,35(2):274-278.

[105] 胡千庭,周世宁,周心权.煤与瓦斯突出过程的力学作用机理[J].煤炭学报,2008,33(12):1368-1372.

[106] SUN Dongling,HU Qianting,MIAO Fatian. A mathematical model of coal-gas flow conveying in the process of coal and gas outburst and its application[J]. Procedia engineering,2011,26(1):147-153.

[107] 金洪伟,胡千庭,刘延保,等.突出和冲击地压中层裂现象的机理研究[J].

采矿与安全工程学报,2012,29(5):694-699.

[108] 王振.煤岩瓦斯动力灾害新的分类及诱发转化条件研究[D].重庆:重庆大学,2010.

[109] ZHU W C,LIU J,SHENG J C,et al. Analysis of coupled gas flow and deformation process with desorption and Klinkenberg effects in coal seams[J]. International journal of rock mechanics and mining science,2007,44(7):971-980.

[110] ZHU W C,BRUHNS O T. Simulating excavation damaged zone around a circular opening under hydromechanical conditions[J]. International journal of rock mechanics and mining science,2008,45(5):815-830.

[111] ZHU W C,WEI C H,LIU J,et al. A model of coal-gas interaction under variable temperatures[J]. International journal of coal geology,2011,86(2/3):213-221.

[112] XUE Sheng,WANG Yucang,XIE Jun,et al. A coupled approach to simulate initiation of outbursts of coal and gas—model development[J]. International journal of coal geology,2011,86(2/3):222-230.

[113] JACEK SOBCZYK. The influence of sorption processes on gas stresses leading to the coal and gas outburst in the laboratory conditions[J]. Fuel,2011,90(3):1018-1023.

[114] 王家臣,邵太升,赵洪宝.瓦斯对突出煤力学特性影响试验研究[J].采矿与安全工程学报,2011,28(3):391-394.

[115] 王刚,程卫民,谢军,等.瓦斯含量在突出过程中的作用分析[J].煤炭学报,2011,36(3):429-434.

[116] YANG Wei,LIN Baiquan,QU Yong'an,et al. Mechanism of strata deformation under protective seam and its application for relieved methane control[J]. International journal of coal geology,2011,85(3/4):300-306.

[117] YANG Wei,LIN Baiquan,QU Yong'an,et al. Stress evolution with time and space during mining of a coal seam[J]. International journal of rock mechanics and mining sciences,2011,48(7):1145-1152.

[118] YANG Wei,LIN Baiquan,ZHAI Cheng,et al. How in situ stresses and the driving cycle footage affect the gas outburst risk of driving coal mine roadway[J]. Tunnelling and underground space technology,2012,31(9):139-148.

[119] QI Liming,CHEN Xuexi. Analysis on the influence of coal strength to risk of outburst[J]. Procedia engineering,2011,26(1):602-607.

[120] 李成武,解北京,曹家琳,等.煤与瓦斯突出强度能量评价模型[J].煤炭学报,2012,37(9):1547-1552.

[121] 欧建春.煤与瓦斯突出演化过程模拟实验研究[D].徐州:中国矿业大学,2012.

[122] OU Jianchun,LIU Mingju,ZHANG Chunru,et al. Determination of indices and critical values of gas parameters of the first gas outburst in a coal seam of the Xieqiao Mine[J]. International journal of mining science and technology,2012,22(1):89-93.

[123] PENG S J,XU J,YANG H W,et al. Experimental study on the influence mechanism of gas seepage on coal and gas outburst disaster[J]. Safety science,2012,50(4):816-821.

[124] LU Caiping,DOU Linming,LIU Hui,et al. Case study on microseismic effect of coal and gas outburst process[J]. International journal of rock mechanics and mining science,2012,53(7):101-110.

[125] PAN Jienan,HOU Quanlin,JU Yiwen,et al. Coalbed methane sorption related to coal deformation structures at different temperatures and pressures[J]. Fuel,2012,102(12):760-765.

[126] YAO Yanbin,LIU Dameng. Effects of igneous intrusions on coal petrology,pore-fracture and coalbed methane characteristics in Hongyang,Handan and Huaibei coal fields,North China[J]. International journal of coal geology,2012,96-97(1):72-81.

[127] YAN Jiangwei,WANG Wei,TAN Zhihong. Distribution characteristics of gas outburst coal body in Pingdingshan tenth coal mine[J]. Procedia engineering,2012,45(1):329-333.

[128] WANG Kai,ZHOU Aitao,ZHANG Jianfang,et al. Real-time numerical simulations and experimental research for the propagation characteristics of shock waves and gas flow during coal and gas outburst[J]. Safety science,2012,50(4):835-841.

[129] HU Yingying,HU Xiangming,ZHANG Qingtao,et al. Analysis on simulation experiment of outburst in uncovering coal seam in cross-cut[J]. Procedia engineering,2012,45(1):287-293.

[130] 王凯,俞启香,彭永周.非线性理论在煤与瓦斯突出研究中的应用[J].辽宁工程技术大学学报(自然科学版),2000,9(4):348-352.

[131] 王凯,俞启香.煤与瓦斯突出的非线性特征及预测模型[M].徐州:中国矿业大学出版社,2005.

[132] 肖福坤,秦宪礼,张娟霞,等.煤与瓦斯突出过程的突变分析[J].辽宁工程技术大学学报,2004,13(4):442-444.

[133] 高雷阜.煤与瓦斯突出的混沌动力系统演化规律[D].阜新:辽宁工程技术大学,2006.

[134] 赵志刚.煤与瓦斯突出的耦合灾变机制及非线性分析[D].泰安:山东科技大学,2007.

[135] 赵志刚,谭云亮,程国强.煤巷掘进迎头煤与瓦斯突出的突变机制分析[J].岩土力学,2008,29(6):1644-1648.

[136] 潘岳,张勇,戚云松.煤岩突出中单个煤壳失稳前兆阶段的能量分析[J].岩土力学,2008,29(6):1500-1506.

[137] 潘岳,张勇,王志强.煤与瓦斯突出中单个煤壳解体突出的突变理论分析[J].岩土力学,2009,30(3):595-602,612.

[138] ZHANG S,YANG S,CHENG J,et al. Study on relationships between coal fractal characteristics and coal and gas outburst[J]. Procedia engineering,2011,26(1):327-334.

[139] YANG Xiaobin,XIA Yongjun,WANG Xiaojun. Investigation into the nonlinear damage model of coal containing gas[J]. Safety science,2012,50(4):927-930.

[140] CHEN Peng,WANG Enyuan,OU Jianchun,et al. Fractal characteristics of surface crack evolution in the process of gas-containing coal extrusion[J]. International journal of mining science and technology,2013,23(1):121-126.

[141] 孟贤正.综采工作面煤的突然压出危险性预测[D].重庆:重庆大学,2002.

[142] 汪长明.采煤工作面煤的突然压出机理初探[J].矿业安全与环保,2008,35(增刊):80-82,85,120.

[143] 窦林名,何学秋.冲击矿压防治理论与技术[M].徐州:中国矿业大学出版社,2001.

[144] YOSHINO T,SATO H. The experimental results on the actual measurement of energy transmission loss of magnetic field component across the tunnel[J]. Physics of the earth and planetary interiors,1998,105(3/4):287-295.

[145] 潘一山,李忠华,章梦涛.我国冲击地压分布、类型、机理及防治研究[J].2003,22(11):1844-1851.

[146] 金立平.冲击地压的发生条件及预测方法研究[D].重庆:重庆大学,1992.

[147] COOK N G W. A note on rock bursts considered as a problem of stabili-

ty[J]. Journal of the South African Institute of Mining and Metallurgy, 1965,65(1):551-554.

[148] COOK N G W. The failure of rock[J]. International journal of rock mechanics and mining sciences & geomechanics abstracts, 1965, 2(4): 389-403.

[149] COOK N G W, HOEK E, PRETORIUS J P G, et al. Rock mechanics applied to the study of rock bursts[J]. Journal of the south african institute of mining and metallurgy, 1965, 66(1): 435-528.

[150] BIENIAWSKI Z T, DENKHAUS H G, VOGLER U W. Failure of fractured rock[J]. International journal of rock mechanics and mining sciences & geomechanics abstracts, 1969, 6(3): 323-330.

[151] BIENIAWSKI Z T. Mechanism of brittle fracture of rocks. Part I- theory of the fracture process[J]. International journal of rock mechanics and mining sciences & geomechanics abstracts, 1967, 4(4): 395-404.

[152] 李玉生. 冲击地压机理探讨[J]. 煤炭学报, 1984, 9(3): 1-10.

[153] 李玉生. 冲击地压机理及其初步应用[J]. 中国矿业学院学报, 1985, 14(3): 42-48.

[154] 章梦涛. 冲击地压失稳理论与数值模拟计算[J]. 岩石力学与工程学报, 1987, 6(3): 197-204.

[155] 章梦涛, 徐曾和, 潘一山, 等. 冲击地压和突出的统一失稳理论[J]. 煤炭学报, 1991, 16(4): 48-53.

[156] VESELA V. The investigation of rockburst focal mechanisms at lazy coal mine, Czech Republic[J]. International journal of rock mechanics and mining sciences & geomechanics abstracts, 1996, 33(8): 47-55.

[157] BECK D A, BRADY B H G. Evaluation and application of controlling parameters for seismic events in hard-rock mines[J]. International journal of rock mechanics and mining sciences, 2002, 39(5): 633-642.

[158] LIPPMANN H, 程屏芬. 煤矿中“突出”的力学:关于煤层中通道两侧剧烈变形的讨论[J]. 力学进展, 1989, 19(1): 100-113.

[159] LIPPMANN H, 张江, 寇绍全. 关于煤矿中“突出”的理论[J]. 力学进展, 1990, 20(4): 452-467.

[160] 尹光志, 李贺, 鲜学福, 等. 煤岩体失稳的突变理论模型[J]. 重庆大学学报(自然科学版), 1994, 17(1): 23-28.

[161] 潘一山, 章梦涛. 用突变理论分析冲击发生的物理过程[J]. 阜新矿业学院学报(自然科学版), 1992, 11(1): 12-18.

[162] 费鸿禄,徐小荷. 岩爆的动力失稳[M]. 上海:东方出版中心,1998.

[163] 徐曾和,徐小荷,唐春安. 坚硬顶板条件下煤柱岩爆的尖点突变理论分析[J]. 煤炭学报,1995,20(5):485-491.

[164] 谢和平,PARISEAU W G. 岩爆的分形特征及机理[J]. 岩石力学与工程学报,1993,12(1):28-37.

[165] XIE H,PARISEAU W G. Fractal character and mechanism of rock bursts[J]. International journal of rock mechanics and mining sciences & geomechanics abstracts,1993,30(4):343-350.

[166] 李廷芥,王耀辉,张梅英,等. 岩石裂纹的分形特性及岩爆机理研究[J]. 岩石力学与工程学报,2000,19(1):6-10.

[167] 邓全峰,栾永祥,王佑安. 煤与瓦斯突出模拟试验[J]. 煤矿安全,1989,20(11):5-10.

[168] 孟祥跃,丁雁生,陈力,等. 煤与瓦斯突出的二维模拟实验研究[J]. 煤炭学报,1996,21(1):57-62.

[169] 郭立稳,俞启香,蒋承林,等. 煤与瓦斯突出过程中温度变化的实验研究[J]. 岩石力学与工程学报,2000,19(3):366-368.

[170] 蔡成功. 煤与瓦斯突出三维模拟实验研究[J]. 煤炭学报,2004,29(1):66-69.

[171] 颜爱华,徐涛. 煤与瓦斯突出的物理模拟和数值模拟研究[J]. 中国安全科学学报,2008,18(9):37-42.

[172] 金洪伟. 煤与瓦斯突出发展过程的实验与机理分析[J]. 煤炭学报,2012,37(增刊):98-103.

[173] 许江,陶云奇,尹光志,等. 煤与瓦斯突出模拟试验台的研制与应用[J]. 岩石力学与工程学报,2008,27(11):2354-2362.

[174] 许江,陶云奇,尹光志,等. 煤与瓦斯突出模拟试验台的改进及应用[J]. 岩石力学与工程学报,2009,28(9):1804-1809.

[175] 尹光志,赵洪宝,许江,等. 煤与瓦斯突出模拟试验研究[J]. 岩石力学与工程学报,2009,28(8):1674-1680.

[176] 王维忠,陶云奇,许江,等. 不同瓦斯压力条件下的煤与瓦斯突出模拟实验[J]. 重庆大学学报,2010,33(3):82-86.

[177] 许江,刘东,彭守建,等. 煤样粒径对煤与瓦斯突出影响的试验研究[J]. 岩石力学与工程学报,2010,29(6):1231-1237.

[178] 许江,刘东,尹光志,等. 非均布荷载条件下煤与瓦斯突出模拟实验[J]. 煤炭学报,2012,37(5):836-842.

[179] 许江,刘东,彭守建. 不同突出口径条件下煤与瓦斯突出模拟试验研究

[J]. 煤炭学报,2013,38(1):9-14.

[180] 曹树刚,刘延保,李勇,等. 煤岩固-气耦合细观力学试验装置的研制[J]. 岩石力学与工程学报,2009,28(8):1681-1690.

[181] SKOCZYLAS N. Laboratory study of the phenomenon of methane and coal outburst[J]. International journal of rock mechanics and mining sciences,2012,55(1):102-107.

[182] SOBCZYK J. The influence of sorption processes on gas stresses leading to the coal and gas outburst in the laboratory conditions[J]. Fuel,2011,90(3):1018-1023.

[183] 陆菜平,窦林名,谢耀社,等. 煤样三轴围压钻孔损伤演化冲击实验模拟[J]. 煤炭学报,2004,29(6):659-662.

[184] HE Manchao,NIE Wen,HAN Liqiang,et al. Microcrack analysis of Sanya grantite fragments from rockburst tests[J]. Mining science and technology(China),2010,20(2):238-243.

[185] HE Manchao,JIA Xuena,COLI M,et al. Experimental study of rockbursts in underground quarrying of Carrara marble[J]. International journal of rock mechanics and mining sciences,2012,52(1):1-8.

[186] 金佩剑. 含瓦斯煤岩冲击破坏前兆及多信息融合预警研究[D]. 徐州:中国矿业大学,2013.

[187] PATERSON M S. Experimental deformation and faulting in Wombeyan marble[J]. Geological society of America bulletin,1958,69(4):465-467.

[188] PATERSON M S,WONG T F. Experimental rock deformation:the brittle field[M]. New York:Springer,2005.

[189] 王绳祖. 岩石的脆性-延性转变及塑性流动网络[J]. 地球物理学进展,1993,8(4):25-37.

[190] 姜耀东,赵毅鑫,刘文岗,等. 深部开采中巷道底鼓问题的研究[J]. 岩石力学与工程学报,2004,23(14):2396-2401.

[191] 曹文贵,王泓华,张升,等. 岩石脆延特性转化条件确定的统计损伤方法研究[J]. 岩土工程学报,2005,27(12):1391-1396.

[192] 钱鸣高,石平五. 矿山压力与岩层控制[M]. 徐州:中国矿业大学出版社,2003.

[193] 李成武,付帅,解北京,等. 煤与瓦斯突出能量预测模型及其在平煤矿区的应用[J]. 中国矿业大学学报,2018,47(2):231-239.

[194] 唐春安. 岩石破裂过程中的灾变[M]. 北京:煤炭工业出版社,1993.

[195] CHEN Z H,TANG C A,HUANG R Q. A double rock sample model for

rockbursts[J]. International journal of rock mechanics and mining science,1997,34(6):991-1000.

[196] 李纪青,齐庆新,毛德兵,等.应用煤岩组合模型方法评价煤岩冲击倾向性探讨[J].岩石力学与工程学报,2005,24(增刊):4805-4810.

[197] TUNCAY E,HASANCEBI N. The effect of length to diameter ratio of test specimens on the uniaxial compressive strength of rock[J]. Bulletin of engineering geology environment,2009,68(4):491-497.

[198] WAWERSIK W R,FAIRHURST C. A study of brittle rock fracture in laboratory compression experiments[J]. International journal of rock mechanics and mining science & geomechanics abstracts,1970,7(5):561-575.

[199] TANG C A,THAM L G,LEE P K K,et al. Numerical studies of the influence of microstructure on rock failure in uniaxial compression-part Ⅱ:constraint,slenderness and size effect[J]. International journal of rock mechanics and mining science,2000,37(4):571-583.

[200] 谭学术,鲜学福,郑道芳,等.复合岩体力学理论及其应用[M].北京:煤炭工业出版社,1994.

[201] 王登科.含瓦斯煤岩本构模型与失稳规律研究[D].重庆:重庆大学,2009.

[202] AN Fenghua,CHENG Yuanping,WANG Liang,et al. A numerical model for outburst including the effect of adsorbed gas on coal deformation and mechanical properties[J]. Computers and geotechnics,2013,54(1):222-231.

[203] 魏明尧.含瓦斯煤气固耦合渗流机理及应用研究[D].徐州:中国矿业大学,2013.

[204] 赵阳升.矿山岩石流体力学[M].北京:煤炭工业出版社,1994.

[205] DRUCKER D C,PRAGER W. Soil mechanics and plastic analysis or limit design[J]. Quarterly journal of mechanics and applied mathematics,1952,10(2):157-165.

[206] 张小涛,窦林名.煤层硬度与厚度对冲击矿压影响的数值模拟[J].采矿与安全工程学报,2006,23(3):277-280.

[207] 周维垣,高等岩石力学[M].北京:水利电力出版社,1991.

[208] ZUO Jianping,LI Hongtao,XIE Heping,et al. A nonlinear strength criterion for rock-like materials based on fracture mechanics[J]. International journal of rock mechanics and mining science,2008,45(4):594-599.

[209] TADA H. The stress analysis of cracks handbook[M]. Hellertown: Del Research Corporation, 1973.

[210] KACHANOV M L. A microcrack model of rock inelasticity, part Ⅱ: propagation of microcracks[J]. Mechanics of materials, 1982, 1(1): 29-41.

[211] COTTERELL B, RICE J R. Slightly curved or kinked cracks[J]. International journal of fracture, 1980, 16(2): 155-169.

[212] 范景伟,何江达.含定向闭合断续节理岩体的强度特性[J].岩石力学与工程学报,1992,11(2):190-199.

[213] HU Shaobin, WANG Enyuan, WEI Mingyao. Effective stress of gas-bearing coal and its dual pore damage constitutive model[J]. International journal of damage mechanics, 2014, 25(4): 20-35.

[214] 李贺,等.岩石断裂力学[M].重庆:重庆大学出版社,1988.

[215] 陈鹏.煤与瓦斯突出区域危险性的直流电法响应及应用研究[D].徐州:中国矿业大学,2013.

[216] 邹德蕴,姜福兴.煤岩体中储存能量与冲击地压孕育机理及预测方法的研究[J].煤炭学报,2004,29(2):159-163.

[217] 秦昊.巷道围岩失稳机制及冲击矿压机理研究[D].徐州:中国矿业大学,2008.

[218] 徐芝纶.弹性力学简明教程[M].北京:高等教育出版社,1983:203-206.

[219] 张敬民.孤岛工作面矿压分布特征及对动力灾害的影响[D].徐州:中国矿业大学,2013.

[220] 宋大钊.冲击地压演化过程及能量耗散特征研究[D].徐州:中国矿业大学,2012.

[221] 李小双,尹光志,赵洪宝,等.含瓦斯突出煤三轴压缩下力学性质试验研究[J].岩石力学与工程学报,2010,29(增刊):3350-3358.

[222] 朱维申,程峰.能量耗散本构模型及其在三峡船闸高边坡稳定性分析中的应用[J].岩石力学与工程学报,2000,19(3):261-264.

[223] 金丰年,蒋美蓉,高小玲.基于能量耗散定义损伤变量的方法[J].岩石力学与工程学报,2004,23(12):1976-1980.

[224] 曹文贵,方祖烈,唐学军.岩石损伤软化统计本构模型之研究[J].岩石力学与工程学报,1998,17(6):628-633.

[225] 胡千庭.煤与瓦斯突出的力学作用机理及应用研究[D].北京:中国矿业大学(北京),2008.

[226] 王振,胡千庭,文光才,等.采动应力场分布特征及其对煤岩瓦斯动力灾害

的控制作用分析[J].煤炭学报,2011,36(4):623-627.

[227] XU Wenquan,WANG Enyuan,SHEN Rongxi,et al. Distribution pattern of front abutment pressure of fully-mechanized working face of soft coal isolated island[J]. International journal of mining science and technology,2012,22(2):279-284.